侯維恕————著

EVOLUTION,
COSMOS, MAN

人宇演
　宙化、

# 目次

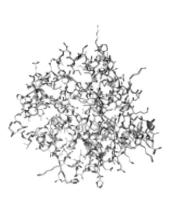

# Introduction

## 緒 論

　　2009 年春我在台大開設通識課程，將「演化、宇宙、人」三項題材結合在一起。開學之前，我在日內瓦與任職匹茲堡大學粒子 - 天文 - 宇宙中心主任的好友韓濤教授提及這門課的構想，他直說：That's Religious!

　　演化、宇宙、人，這三樣題材相互關聯：宇宙中出現演化、演化孕育出今天的人，而人卻又回頭認識到演化及宇宙發展的過程，並思索自身的地位──「人」才是貫徹、聯繫這三項深奧課題的中心！這的確涉及宗教和哲學的範疇，不過在這本書，我希望以科學家的觀點，對上述課題展開以科學知識為中心的探討。

　　在這篇緒論，我以簡單的自我介紹起首，說明開課和寫書的動機，並旁及我的研究，再回頭說明本書架構。這是從知天命邁向耳順之年的我，對自身啟蒙與「起初的愛」相關問題的回顧。我們的存在即使渺小，卻又非常特別。希望藉這本書，讓讀者從科學的簡潔與趣致出發，發現自身存在的奧妙。

## ⊙ 懵懂到年少輕狂

我自幼愛抓蟲，八到十歲住陽明山，之後住外雙溪，雖然在台北成長，卻不缺摸蝦、釣魚的經驗，可說是對生物好奇心的初期啟蒙。我記得小時候還在華岡時，有一次過年後，天氣濕濕冷冷，我獨自在一棵柏樹下發現了一個鈣化成白色的蝸牛殼，如獲至寶。這樣的「化石」給了我很大的想像空間：過去無限遙遠的時間與廣大空間，其中有過多少多采多姿的生命存在。當時的我，是何等渴望能觸摸到真實的遠古化石啊！

家父有個小型圖書館。小學六年級的某一天，我在書架上找到一本《進化論綱要》，是 1932 年大陸出版，1966 年臺灣商務印書館重印的小書。當年對於文字底蘊背後的歧視爭議還不甚敏感，用的是「進化」而非現在慣用的「演化」。但這本薄薄的小書給了我很大的震撼，不僅體會到生物的奧祕、更感受到科學的馭繁於簡，從而啟發了我對生物與科學的興趣。

進入初中後，生物課本的編寫方式強調記憶，讓我興味索然。我在學校圖書館偶然翻到另一本小書，《反物質與宇宙論》，又無心插柳開啟了另一扇知識的大門。廣大的宇宙引發了我對天文的興趣，而大家熟悉的愛因斯坦方程式：

$$E = mc^2$$

指明「質量本身就是能量」的算式，則

辦公室放著化石、晶體以及紙鶴，分別提醒我的科學啟蒙與至今研究的導引。

我的科學啟蒙：《進化論綱要》。

質量是一種能量形式。

我的另一科學啟蒙書：
《反物質與宇宙論》。

我們所在的「漩渦」，要多少甲子才能走完它十萬光年的直徑呢？

哈伯太空望遠鏡所拍攝月亮張角 1/60 的照片，捕捉了上千個如銀河般的星系。宇宙中的星系差不多有銀河系中的星星一般多。是不是也有這麼多個地球呢？有沒有外星人正在看著我們？

給予我物理學的震撼。當年還是私中初一生的我，有一天竟老老實實計算「一公克物質若全轉化為能量可煮沸多少水？」這道題目。質能的巨大與轉換的奧祕真令人震撼，而背後是超乎想像的光速之快、之大。

不過，當我得意地告訴座位周邊的同學時，似乎沒有人能感染到我的興奮。畢竟，這數字背後的奧妙是得親身去體驗的！但若看過《天使與魔鬼》的電影或小說，你便知道，只要將不到一克的反物質釋放出來，便足可毀滅整座梵諦岡教廷城！而太陽每秒將等價於四百萬噸的質量轉換成能量！銀河系約有兩千億顆星，每顆若時時刻刻都釋放太陽般的能量，這是何等巨大的質能！

若想親身感受，我還有一個較小的題目鼓勵你計算一下：我們所在的銀河系直徑有十萬「光年」（光走一年的距離，即 9,460,528,177,426.8，或約 9.5 兆公里），若以當下噴射客機時速 1,000 公里持續飛行，需要幾個一生（以一甲子六十年算）才能走完呢？這些數字和其反映的時空尺度，都是難以想像的。

## ⊙ 存在的奧祕

升上高一，十六歲的我十分害怕死亡。我意識到死亡代表著自己有一天將不再有意識！這使我開始思索人的生與死，也因此接觸了宗教和哲學，亟欲尋找個人或人類在這個浩瀚宇宙中存在的意義與定位。但因為自己正往科學的路上走，心中的質疑驅使自己定位在「不可知論」，簡單說就是人不可能窮盡真相、不可能知道有沒有鬼神。當時我欣賞禪宗所說的「直指人心，見性成佛」。然而佛是佛，人是人，也可以說佛知人事但人不知佛事。總之，在我們頓悟之前，有條鴻溝註定無法跨越，這條鴻溝也包含了生與死。

康德之墓上寫著哲學家對於人類存在議題的思考。然而，康德之墓怎麼會在加里寧格勒，德文外還寫著俄文？

位在加里寧格勒的康德之墓，其紀念碑上寫著：「有兩件事讓心中滿溢日增的敬畏——我頭頂的星空，及我內在的道德律。」

為了對先哲表示敬意，我略加刪減，節錄德文的原文：

Zwei Dinge erfüllen das Gemüt

mit immer zunehmender Ehrfurcht:

der bestirnte Himmel über mir

und das moralische Gesetz in mir.

——Immanuel Kant, *Kritik der praktischen Vernunft*（《實證理性批判》）

這段話或許耳熟能詳，但就在 2008 年，我走訪義大利卡布里島開會，在島的西南端有個「哲學家公園」，我參觀完後出來往海邊走，驀然看見一塊石頭上寫著這段康德的話，心中的震撼迴盪至今。

論到神祕的內在經驗，愛因斯坦曾說道[注1]（底線來自我的加強）：

我們能有的最美體驗是神祕感，那站在<u>真藝術</u>與<u>真科學</u>濫觴的根本情緒。不曾認識它，<u>不再能驚異、不再能讚嘆</u>，那人就如死去一般，他的眼睛黯淡了。是神祕的經驗——雖然夾雜著恐懼——產生出宗教。即便我們

的心智僅能感受到皮毛，但認知到有我們不能參透的事物存在，體會最深切的理性、最奪目的美麗：是這樣的知識與這樣的情感構成了<u>真正的宗教</u>情懷。在這個意義上、也只有在這個意義上，我是一個虔信的人 …… 我滿足於生命永恆的奧祕，認識與感受存在的構造奇妙──以及卑微的試圖理解那將自己彰顯於自然的<u>理性</u>，縱使只有一丁點。

愛因斯坦這篇雋永的小品文，不僅提及藝術和科學的根源，也提到生命永恆的奧祕與存在的驚奇。而他用英文大寫的 Reason（理性），則正是康德兩本「理性批判」鉅著標題中的 Vernunft。這個半擬人化的「理性」，中文頗難翻譯，但愛因斯坦明顯把對那「將自己彰顯於自然的理性」的認知，放在神祕體驗的最高層次。

這兩段哲人的話，正呼應了韓濤教授對本書課題的評論：「That's Religious!」儘管我在獲得物理博士學位之後不久受洗成為基督徒，在課程與本書中，我都不會涉入宗教和哲學的範疇，僅純粹討論科學的知識，挑戰「人」的認知。但透過這些偉大思想家的話，希望學生與讀者能夠親身感受愛因斯坦所說的 Mysterious──人類所能有的最美經驗與最高價值。

在希臘德爾菲的阿波羅神殿，登殿區額上當年刻著箴言：

ΓΝΩΘΙ ΣEΑΤΤΟΝ

（Know Thyself）

「認識自己！」或謂這是西方哲理的核心。在東方則有老子說「自知者明」，可惜在現今日常用語中的「自知之明」已失去了原本的深刻意義。對我而言，認識自然，我們存在的根源與其蘊含的神祕法則，是人類「認識自己」的絕佳之路。

試問你自己：我是誰？我追尋的人生意義是什麼？「人」的意義是什麼？

我們的存在即便渺小，卻是一件非常特別的事，因而生命如此無價，我們該好好活，不要輕易拋棄。每一個人有她／他獨特的一生，務必走完！

現在，讓我們藉反物質的發現，突顯「宇宙反物質」這個大謎題（Mystery）！

## 神祕的 $E = mc^2$ 和反物質

保羅·狄拉克（Paul Dirac）在 1928 年結合了愛因斯坦的狹義相對論和已發展了二十多年的量子力學，從而發現了人類未曾知道的反物質，我簡易說明如下。熟悉的 $E = mc^2$，其實是：

$$E^2 = p^2c^2 + m^2c^4$$

在「動量」p=0 的化簡。動量在我們

9

狄拉克　　　　安德森

平常經驗的世界，是質量乘以速度，是有方向性的，即上下、左右、前後，亦即都有正負號。我們由此注意到愛因斯坦方程式中，存在著 E > 0 及 E < 0 的解。也就是說，負的能量也可以滿足此一方程式。如何說明有反粒子的存在，原本也困擾著狄拉克，因為正反能量對應著相同質量 m，但這「顯然」在周遭不存在。狄拉克曾很努力的要把比電子重近兩千倍的質子解釋成 E < 0 的解，但無法成功。還好卡爾·安德森（Carl Anderson）在 1932 年實驗發現「正子」，與電子質量一樣、但電荷相反，因此帶一單位正電荷。實驗與理論的互相印證，確認狄拉克方程式隱含著「另一顆」：

反電子質量＝電子質量（質量相同）
反電子電荷＝－電子電荷（電荷相反）

是為反物質的藍本。人類發現反物質存在，且還有如下的一個特性。

要知道反粒子不是科幻，而早已真真實實進入現實生活中：反電子 $e^+$ 或稱正子，已廣泛用於許多醫院的「正子造影中心」。正子和電子的質量完全相同，但電荷相反，因此電子和正子相遇時相互湮滅產生 $\gamma$-射線，也就是返回 E = $mc^2$ 的純粹能量。此純能量不再有正負電荷，而正子、電子相反的電性也正好抵銷。正子造影的醫療技術就是應用正子與電子相互湮滅所產生的兩顆光子來造影，是能抓到最小腫瘤的利器。在電影《天使與魔鬼》中，故事背景就是人類製造出 0.25 公克的反物質，若釋放出來與物質接觸時，湮滅的能量將可摧毀整個梵諦岡教廷城，於是朗登教授出動……。

讓我們回到宇宙的初始——一百三十八億年前的大爆炸，那生出宇宙的原初極大純能量事件。認知到反物質的存在，我們驀然發現「我們」的存在變得非常奇特！因為在大爆炸的一瞬間，物質和反物質應當等量產生並滿溢於當時的宇宙。在下一瞬間，物質和反物質應當相互抵銷湮滅，一切於焉不存。但竟然還有些許物質留存下來，而構成你我的物質存在，正是演化出你我的基本要件。從日常生活我們可以清楚體會到：周遭並沒有大量反物質的存在。何以如此？那些宇宙反物質最後去了哪裡？至今，這仍是難以解釋的問題。

## 宇宙的「演化」

宇宙起自 138 億年前的大爆炸「Big Bang」

100 億年　地球上的生物分子形成

10 億年

重元素於星球內形成

100 萬年

星星與星系出現，原子形成

30 萬年

微波背景輻射充斥宇宙

3 分

氦原子核形成

1 秒　中子和質子形成

S　夸克「湯」物質當道

Big Bang

$10^{15}$ 度　$10^{10}$ 度　$10^9$ 度　6000 度　4000 度　-255 度　-270 度

只有物質！？

最大的謎是受造的人類，竟能反思自己所由生的宇宙起點。注意：以羅丹「沉思者」標出的人類，不是在時空外思考，乃是在大爆炸 138 億年後！

　　然而人類竟能探索這個問題，本身則更是驚人。德爾菲的神諭勸誡人「Know Thyself!」，是何等的貼切。人的存在，本身即是極大的奧祕。因為能這樣沉思、追本溯源的我們，在最初的宇宙並不存在。宇宙的初始並沒有生命，而生命的最初也沒有人類。即使是人類，也是在存在數百萬年後才演化出智人（Homo Sapiens）；直至幾百年前，人才真正開始探索宇宙；而真切地提問宇宙大爆炸

初始，以及反物質消失的問題，又是近八十年的事了。經過這麼多複雜的發展，才有現代人類回頭思考自身起源與存在的問題。我們並沒有親身參與這些探索，但同為人類群體，我們的知識是共同擴展的，也共同享有知識的成果。

　　蘇聯氫彈之父安得烈‧沙卡洛夫（Andrei Sakharov）在 1967 年提出了「三條件」來說明宇宙大爆炸後反物質的消失，以至於今日我們能夠存在。這

11

個「沙卡洛夫三條件」包括：

1）重子數不守恆；
2）C 及 CP 破壞；
3）偏離熱平衡。

若符合此三條件，則宇宙起初將有些許反物質變成物質。就今日的瞭解，應有十億分之一的反物質變成物質，最終遺留下來，成就了今日的我們。其餘的反物質則和物質相互湮滅，產生的純粹能量最終注入了光子，在大爆炸三十八萬年後從混沌的宇宙中釋放出來，從此自由運行。這個大湮滅的「悶響」如今依舊迴盪在「宇宙背景輻射」之中。而經過一百三十八億年才出現的我們，回頭思索、理解這一切，真是一件太稀奇（Mysterious）的事。

沙卡洛夫三條件之一的 CP 破壞，正是我多年來的主要研究課題：對於最初宇宙大爆炸的 $10^{-9}$ 這樣的比例，我們是否能夠提出適當的當代解釋？

## ⊙ 我的研究：台大高能實驗室

藉著參與日本高能實驗室（KEK）「B 介子工廠」的 Belle 實驗，我自 1994 年開始在台大推動成立高能實驗組。我在辦公室中放的那隻紙鶴，正代表著我和日本的長期合作關係。Belle 實驗研究的主要目標正是 CP 破壞，探討宇宙在起初變成物質完全當道的這個奧祕環節。B 介子工廠是一個正、負電子對撞機，其成果導致小林誠與益川敏英獲得 2008 年諾貝爾物理獎。但有趣的是，小林先生在領獎時坦承他與益川的「三代夸克」CP 破壞機制不足以解釋前述的 $10^{-9}$。事實上，兩者落差竟有 100 億倍以上呢！若第四代夸克存在，CP 破壞強度則可增強千兆倍！

位在瑞士日內瓦侏羅山腳的歐洲高能研究中心 CERN 的大強子對撞機 LHC，則探索另一個「起源」問題，也就是質量之源的研究。質量本身就是能量。若物質皆由夸克和電子所組成，那麼這些質量，以及背後的能量，究竟都從哪裡來呢？LHC 以尋找「神之粒子」、即希格斯粒子為標竿。LHC 加速器比日本的

黃圈標示周長 3 公里的加速器，而以符號 B 標記的是台大高能組從 1994 年起參與至今的 Belle 實驗。

CERN 實驗室空照圖。左邊是「侏羅」山，右邊是日內瓦機場，距離 CERN 步行約一小時。這個實驗室就是電影「天使與魔鬼」開頭的背景所在，而人員主要集中在下方的三角地帶（此三角還真像瑞士乳酪，使我覺得該在辦公室加放一塊乳酪作為紀念）。圖中 ☺ 標出的位置地底下放著 CMS 偵測器。

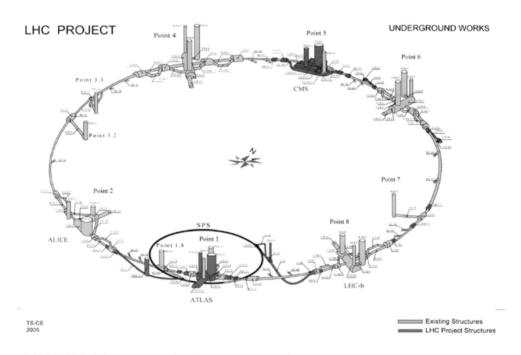

歐洲高能研究中心 CERN 在地底下的 27 公里周長加速器環與各樣大型腔室。上圖的小圈對應了下圖的 Point 5，是質子和質子對撞之處，裝置著 CMS 偵測器，而另一對撞點則是在 Point 1，離 CERN 三角園區很近，地底裝置著 ATLAS 偵測器。另外則還有兩個對撞點。

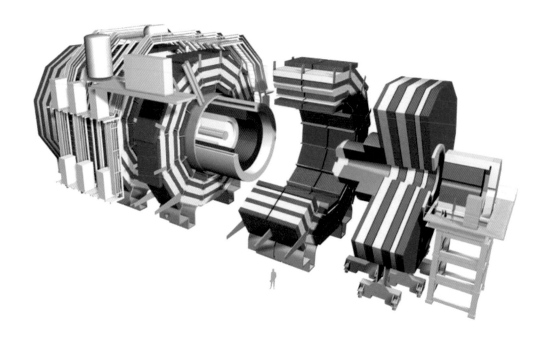

CMS 偵測器長 20 多公尺、高 15 公尺、重 1 萬多噸，由 3000 多位來自 50 個國家的科學家共同打造。台大與中大在 2000 年代參與 Preshower 的建造，而台大自 2010 年起參與像素偵測器 Pixel 的升級建造。

KEKB 加速器周長大了 10 倍，達 27 公里，進行的是極高能的質子 - 質子對撞。2012 年的盛事，便是在約 134 倍質子質量找到了希格斯粒子！2013 年的諾貝爾物理獎也正是頒給原始理論貢獻者方思瓦‧盎格列（Francois Englert）及彼得‧希格斯（Peter Higgs）[注2]。

讓我介紹一下 LHC，以及台大所參與的 CMS 實驗。在前頁上圖圓圈的位置（見第 13 頁），被稱做 Point 5，或第五點，往地下深約 100 公尺之處是 LHC 的一個對撞點。在這裡放著 CMS 偵測器。台大與中大在 2000 年代參與了前置簇射器 Preshower 子系統的建造與運作，在這個跨國的環球合作中佔有一席之地。

台大又自 2010 年起藉「飛越小林‧益川──探尋第四代夸克」的國科會／科技部「學術攻頂計畫」參與 CMS 像素偵測器 Pixel 第一階段升級，已於 2017 年初抽換原像素偵測器，以適應更高的輻射劑量。目前台灣正在規劃下一階段偵測器升級建造的參與，預計於 2025 年開啟第二階段運轉。

雖然 LHC 第二階段運轉時，我應該已

經退休，但從現今知天命之年走向耳順的我回首來時路，感到很幸福，因為：Doing my hobby, and getting paid for it!

祝福你也找到如是的幸福，過你充實的一生。

## ⊙ 本書架構

「弱水三千，但取一瓢飲。」最終我沒有走向演化或生物學，而一路以來天文與宇宙的科學啟蒙，將我導向物理，且是物理學中最追求根本的粒子與高能物理。回想十二歲著迷於生物演化的奇妙、中學與大學時熱愛觀星而亟欲認識宇宙，我希望追本溯源，藉由本書回顧對演化和宇宙的興趣，並就其吸引我之處，略加分享探討。正因非我專業，或許更可傳達知識的喜悅。而討論可分為三大段落：一是演化，二是宇宙生命，三是坐觀宇宙。

2009 年我首次開設「演化、宇宙、人」這門課。這年正逢伽利略以望遠鏡觀天四百週年，又是達爾文兩百週年誕辰，還正巧是《物種源始》出版一百五十週年整，有相當多奇妙的巧合。

《物種源始》結尾有這麼一段話（英文很值得寫出來）：

There is grandeur in this view of life....from so simple a beginning endless forms most beautiful and most wonderful have been, and are being, evolved.

對達爾文的理論難以接受，源於無法接受人與動物有共同祖先，「人是猴子變來」。
左：達爾文畫像。
右：諷刺達爾文的卡通畫。

對生命作如是觀，有著恢宏的視野......從如此簡單的一個起點，無盡而最絢麗、最奇妙的形體，曾經、也正在演化出來。

「演化」這個扣問人類自身起源洞察的用語，正是在這本書結語才驚鴻一瞥的出現。這段話也與愛因斯坦所說的 Mysterious，遙相呼應。從遠古到今日這樣複雜的生物多樣性，竟然可以用簡單的原理來理解！可嘆的是對探索生命做出巨大突破的達爾文，在晚年卻遭受強烈嘲諷與非議。十九世紀後半段正值科學蓬勃發展的時代，但宗教保守勢力依然強大，不少人難以接受人與動物有共同祖先、「人是猴子變來」的說法。

其實我對生物的好奇不止於演化。在生物領域中，吸引我的包含三大問題：

伽利略是第一位以望遠鏡觀天之人（2009 年是他觀天 400 週年），用以觀天的 perspicullum，為「看清楚」之意，後來稱為「望遠鏡」tele-scope。他用望遠鏡在 1610 年發現了木星的四顆衛星，佐證了哥白尼學說。

1）演化是如何運作的？
2）一個細胞如何是活的？
3）從神經元到「意識」？

要回答這三個問題，還得觸及細胞學、神經科學等領域，這些問題及其答案各自獨立、卻又相互關連。第二大問題是「何謂活著？何謂死？」的前提討論，而第三大問題則關乎「意識如何產生？」乃至於機器能否有「意識」。本書中我們僅討論第一大問題，而關於「意識」，在討論宇宙生命時則會略為觸及。

在先行了解了演化的悠久與精妙後，我們再將視野放遠，望向地球之外的浩瀚宇宙。望遠鏡是現代天文學的根基，伽利略當年稱之為 perspicullum，是「看清楚」的意思。1609 年十二月，伽利略拿望遠鏡觀天，看見月亮有（隕石）坑、有山（影）、有平原；望見金星有陰晴圓缺。到了一月，他又發現木星周邊有四顆小星，也就是今日習稱的伽利略衛星。藉由進一步觀測衛星與木星相對位置的變化，伽利略推論這些衛星確實繞木星運轉，形成地球可繞日運行的佐證。

伽利略比達爾文早得多，因此與教會衝突對他更是不利，他因支持哥白尼地動說而在晚年遭到教廷軟禁。人類由於懼怕、無知而尋求宗教，卻又在知識拓展時受到宗教思維的限制而自我封閉，無法放下自尊去接受新觀念。兩位科學家的際遇，體現了人類啟蒙過程中因自大導致的反動。[注3]

伽利略之後約一百五十年的赫歇爾（Wilhelm Herschel, 1738-1822），是

赫歇爾原為樂師,後來成為英國皇家天文學家。他磨製的 48 吋望遠鏡,為後續更大型望遠鏡的開端。

一個「從業餘到專業」的天文學故事。德國出生的赫歇爾原來是個樂師,但醉心於天文觀測,因而磨製越來越大的望遠鏡。他發現了天王星、眾多星叢與星雲、太陽在周邊星球間的運動等,最終成為英國皇家天文學家,還受封爵士。他所看見的「宇宙」,比人類先前想像的大得多。從伽利略到赫歇爾的時代,藉著望遠鏡觀測,天文學得到了啟蒙,而時至今日投入大量資源和技術、能夠推論宇宙大爆炸的專業天文學研究,也都是拜望遠鏡之賜。人類這個沉思者與巧手者,一步步發現地球並非宇宙的中心、太陽非宇宙的中心、銀河系非宇宙中心,且銀河系並非唯一的星系。回看宇宙之初,我們的眼界、認知不斷擴展:宇宙遠比我們所以為的要大太多了!

我們的演化教材以美國科學院出的 *Science, Evolution and Creationism* 這本小冊子為藍本。為了帶出宇宙方面的奧祕,我選用馬丁‧芮斯(Martin Rees)2003 年出版的科普書,*Our Cosmic Habitat*(《我們的蒼穹居所》)為授課教材,並獲得原作者同意將內容翻譯為中文,在課堂中供學生參考。此書以「居所」為名,可與第一部分的「演化」相呼應,也可帶出第二部宇宙生命的議題。自赫歇爾到哈伯,人類的眼界不但跳脫太陽系及其周邊,且跳脫太陽所在的銀河系,發現宇宙的浩瀚,一路探究到宇宙的起源。因此第三部「坐觀宇宙」,則探論人類發現、瞭解宇宙的探勘史。隨著眼界擴大,我們越發看見自身的渺小,也不禁思考自身在宇宙中的身分和地位為何。

## ⊙ 人在宇宙中的地位

透過這本書，我希望能讓更多人開開眼界，認識演化與宇宙，認識自己。在宇宙中，地球就如漂浮於太空中的微塵，而「人」只是地球幾十億年演化中、生命樹的一個末梢。意想不到的是，這個末端竟然可以轉過身來，對地球、宇宙的本源有如此深刻的認識。人類自緩慢的演化而來，而演化在宇宙已存在近百億年時的地球上發生。我相信人是尊貴的，藉由位處「人」這個演化與宇宙的認知交叉點，我們得以了解一切。就目前所知，也只有人類能有這樣的認知了。而這樣的意識，在宇宙中又具有什麼樣的意義呢？

在課程中我以「要活得好！善用一生，成為有人文素養的人」期勉學生，也在此送給讀者。

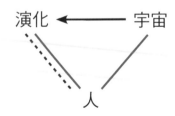

追尋生命意義與價值，
定位人生，塑造恢弘
而謙卑的人本價值。

## 寫在前面的後記：科學與信仰

本書由通識課程而來，而如前述，課程初始的 2009 年，竟然是達爾文兩百週年、物種源始一百五十週年，又是伽利略用望遠鏡觀天四百週年！如此的巧合，又在教材的選擇上反映出議題在科學與信仰間的張力。

我們的演化教材以美國科學院出的 *Science, Evolution and Creationism* 這本小冊子為藍本，沒想到第二年，該書的首席作者，法蘭西斯科‧阿亞拉（Francisco Ayala）獲頒 2010 年鄧普頓獎（Templeton Prize）。該獎宗旨為「促進關乎屬靈真實性的研究或發現」，而在 2001 年之前則直接就稱為「宗教進展」獎。阿亞拉是知名演化生物與哲學家，是 1993 年到 1996 年美國科學促進聯會 AAAS 的會長、多國科學院院士，獲頒美國國家科學獎章，是位一等一的學者。而他早年曾蒙召為道明會的修士，但旋即從西班牙赴美國念演化學。阿亞拉清楚宣告：

> 演化論「是與信仰神的宗教一致的，而創造論和智慧設計則不然。」

這是他任 NAS 反擊美式創造論述首席作者的原因。因此鄧普頓基金會頒獎給他，究竟是認可、是妥協，還是「滑頭」，看法就因人而異了。

若阿亞拉獲頒鄧普頓獎的爭議還小，

往下的發展則不然。又過一年，我們更加驚訝的得知 *Our Cosmic Habitat* 的作者芮斯竟獲頒 2011 年鄧普頓獎！（我真會選教材）這就更令人跌破眼鏡。芮斯也是成就非凡，曾與霍金一同受教，1996 年起任英國皇家天文學家（赫歇爾的後繼者），是 2005-2010 年英國皇家學會（Royal Society）的會長，又被女皇封爵，成為貴族……。因此，譬如 1993 年諾貝爾醫學獎得主理查·羅伯茲（Richard Roberts）批評道：

> 「糟透了……他才剛從〔皇家學會〕會長卸任……這讓推動那種錯誤議程的組織更增添了合法性。」

的確，在時間點上令人有些茫然。但芮斯對任何自認知道比他人更多的人持疑。他說他不是宗教信仰者，而參與儀式是因為他任職劍橋三一學院院長的職務，且他認同「傳統儀式」、讚賞學院的詩班一流……他並說他「不會對宗教過敏」。

我個人在 1985 年十二月受洗成為基督徒，但十分理解科學家從事科學研究的「唯物」思辯訓練與傾向所帶來的困擾。因為在我身上，這個轉變與抉擇，迥非易事！個人認為科學與信仰並沒有衝突，而信仰更是屬於個人選擇的範疇，在授課的殿堂則從所受的教導所制約：不予涉入！

注 1：錄自用英文寫的 "The World as I See It" 結尾一段，對應的全文是："The most beautiful experience we can have is the mysterious. It is the fundamental emotion that stands at the cradle of true art and true science. Whoever does not know it and can no longer wonder, no longer marvel, is as good as dead, and his eyes are dimmed. It was the experience of mystery — even if mixed with fear — that engendered religion. A knowledge of the existence of something we cannot penetrate, our perceptions of the profoundest reason and the most radiant beauty, which only in their most primitive forms are accessible to our minds: it is this knowledge and this emotion that constitute true religiosity. In this sense, and only this sense, I am a deeply religious man ... I am satisfied with the mystery of life's eternity and with a knowledge, a sense, of the marvelous structure of existence — as well as the humble attempt to understand even a tiny portion of the Reason that manifests itself in nature."

注 2：更多的介紹可參考拙著《夸克與宇宙起源》（2015，臺灣商務印書館）。

注 3：伽利略遭軟禁的因由比這樣的簡化討論來得複雜，我們不宜一味的對當年的宗教加以撻伐。

# *Part I* | 演化

# Chapter 1

## 演化、科學與信仰

　　本章藉由介紹演化論，示範科學講求檢驗與證據的根本精神。我們從「案例」入手，突顯演化論具有預測、推敲以致發現關鍵證據的能力。演化論是生物學的中心準則，解釋了生物多樣性、地球眾生命乃同屬一個大族譜。所有地上四足動物的共同祖先在不到四億年前出現、二億多年前哺乳類出現、靈長類約在七千萬年前出現、人類始祖約四百萬年前才出現，而我們智人（Homo Sapiens）來到世上才不過二十萬年！對生物演化論的認知，部分回答了本書主軸的「起源問題」。起源問題則觸及信仰，而演化論揭示「沒有設計師的設計」，是否與信仰有衝突呢？

## ⊙ **Tiktaalik** 的發現：從案例入手

### 脊椎動物、四足動物：「魚足類」？

提到「脊椎動物」，你腦海浮現的多半是像人類這樣的生物。然而，脊椎動物其實以魚類為大宗，四足動物（Tetrapods）這個標籤才更貼近我們這樣的大型陸上生物。那麼，四足動物的四肢究竟是如何從最初以魚類為主的構造發展而來呢？這個變化是上陸之前就已發生，還是之後呢？

若你看過關於「提克塔里克」（Tiktaalik）的文章，就會常常讀到 Fishapod 這個以 fish（魚）取代 Tetra（四足）的字。例如由德施勒（E.B. Daeschler）、舒彬（N.H. Shubin）與堅肯斯（F.A. Jenkins）發表於《自然》（*Nature*）雜誌的文章[注1]：〈一種像四足動物的泥盆紀魚，與四足動物身體構造的演化〉（A Devonian tetrapod-like fish and the evolution of the tetrapod body plan），標題宣告討論焦點是一種魚，卻又與四足動物相近，而核心提問正是：「重要的四足動物特徵是如何、並以怎樣的次序演變的？」生命是從水中慢慢往陸地發展、擴張，如果魚類是脊椎動物中較早並且大量出現的生物，我們也許可以合理推敲在陸生四足動物（Tetrapod）與水生魚類間，還有一類介於兩者之間、被遺忘的族類：魚足類。

讓我們想想重要的四足動物特徵，除了「四足」之外還有什麼？譬如，你看過會轉頭的魚嗎？應該沒有。魚能轉身、迴游，卻不能轉頭。你可以再好好觀察一下，動物的脖子如何能夠轉動？能夠轉動的頸脖構造是否算是四足動物的一個特徵？這些特徵是怎麼來的？它出現的次序是什麼？這些演化議題，能夠被查證嗎？

提克塔里克生活在三億七千五百萬年前，它具有鱗、鰓、鰭等構造，絕對是生活在水裡的魚，不過也有許多不像魚的地方。首先，提克塔里克的化石有肺的痕跡，且具備異於魚類、可以轉動的頸骨構造。人類的頸子是因為肩胛骨、鎖骨、頭、頸骨等特化的發展才得以靈

提克塔里克真的存在嗎？牠的發現說明了什麼？

提克塔里克身形扁平而非流線型，身體構造同時有在水中和陸上生存的特徵。

活轉動，是逐步演化出來的骨骼結構。

再看牠的鰭，可以發現提克塔里克不是那麼典型的魚類：牠屬於「肉鰭魚」（lobe-finned fish），而不是常見的輻鰭魚（ray-finned fish）。輻鰭魚顧名思義，魚骨呈輻射狀，而肉鰭魚骨則比較像人類的骨頭，以中央脊椎骨對稱延伸出兩側骨頭，已經可以看出些許四足動物的特徵。且提克塔里克的鰭還可以撐起身體往前「爬」，就像彈塗魚一樣。只不過提克塔里克長達 120 公分，宛如一個小學生，比彈塗魚巨大得多。

提克塔里克的化石呈扁平狀，外形有點像鱷魚。大多數魚類身軀呈流線型，方便在水中游泳前進，可是提克塔里克雙眼在頭部上方，嘴巴扁闊，看起來卻像喜歡趴著前進。一般流線型的魚類難以在淺水區生存，可是提克塔里克因具備諸多特殊生理構造，使其得以有時上陸、有時安居於淺水中，從而開啟了嶄新的生活方式。

我們將遠古肉鰭魚到日後四足動物的骨骼逐一排列，就能清楚觀察從鰭到肢的一系列演變。下頁圖（見第二十四頁）是三種不同的肉鰭魚鰭骨，骨骼構造和我們所熟悉的魚已經不太一樣。而圖的最右邊則是兩種類似青蛙、蠑螈的早期兩棲類動物，中間的過渡地帶，則是潘氏魚與提克塔里克的化石。我們可以清楚看見右邊四足動物的指頭，但左邊的肉鰭魚指頭構造卻不明顯。如果看著早期四足動物的肢體，想像那是我們的右手，在指掌下方的「腕」雖然尚不完備，但已可看出類似手臂的結構，也與提克塔里克的骨骼相對應。正是這樣一系列的發展，使我們可以以手支撐身體，將手臂和手掌分成兩部分靈活運動。從肉鰭魚到兩棲類，我們發現越往右邊，結

Tiktaalik 魚鰭的骨頭結構，可以支撐身體，彎曲的設計像是膀臂，與一般魚類構造不同。

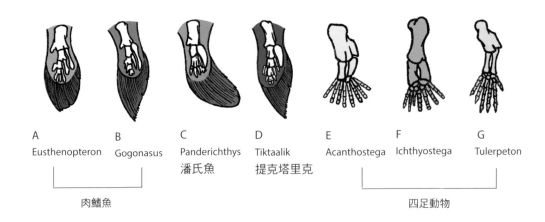

| A | B | C | D | E | F | G |
|---|---|---|---|---|---|---|
| Eusthenopteron | Gogonasus | Panderichthys 潘氏魚 | Tiktaalik 提克塔里克 | Acanthostega | Ichthyostega | Tulerpeton |

肉鰭魚　　　　　　　　　　　　　　　　四足動物

從鰭到肢：從魚鰭中已有的結構、關節與功能進一步精細發展、增生而來。

構的特化越明顯，關節功能發展越多，不僅發展出手臂，手腕也於焉成形。

　　了解提克塔里克的身體構造之後，讓我們繼續看牠如何上陸及生物學家的發現故事。

## 從預測到發現：
## 演化與古生物學的勝利

　　提克塔里克的前半身在 2004 年發現，2014 年又再發現其骨盆化石。演化和考古學家都喜歡以提克塔里克作為經典案例，因為牠的發現反映了演化學預測的過程。

　　考古學家預期在約三億七千五百萬年前，類似提克塔里克的物種在陸地與河、沼澤與淺灘間上陸，逐漸走向兩棲類的演化之路。牠們生活的淺水環境給予了

不少上陸的驅力，一是水域優養化，二是食物來源。淺灘緩流的植物落葉在水中腐化，使水中氧氣減少，造成優養化。為了得到足夠的氧氣供應，魚類發展出一套鰓以外的呼吸系統，也就是可以直接利用氧氣、類似「肺」的器官。既然有落葉掉到河裡，就表示河濱上有植物、昆蟲等「食物」可吃。如果能善加利用這些已上陸的生物，就可延續自身的發展。於是一些肉鰭魚順應地形環境，在河、陸交界的淺灘灣流逐漸發展出扁平利於爬行的身體構造、可以呼吸的肺，以及宛如提克塔里克可以支撐軀幹上陸的鰭，引領了日後這一支脈漫長的演化。

　　根據古生物研究，我們已知三億八千萬年前淺灘魚類的發展，也知道三億六千五百萬年前，能在岸邊爬行的兩棲類

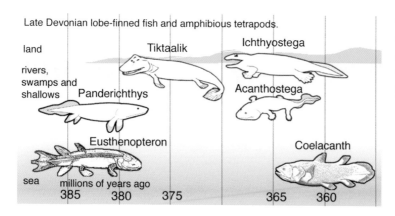

Late Devonian lobe-finned fish and amphibious tetrapods.

land

rivers,
swamps and
shallows

Tiktaalik

Ichthyostega

Panderichthys

Acanthostega

Eusthenopteron

Coelacanth

sea    millions of years ago
385        380        375        365        360

在已知的年代間，有一段留白，經古生物學和考古學家的共同努力，對這段空白的預測被確認了。

已經誕生。只是從三億八千萬年前至三億六千五百萬年前這一千多萬年的空檔，卻尚未發現其他中間生物。因此學者推測這段期間應該有種介於淺灘魚類與兩棲類之間的生物。這個「失落的一環」（Missing Link）究竟會在哪裡？古生物學家尋遍地質資料後，將探索目標鎖定在加拿大最北方的島嶼、跨越北緯八十度的埃爾斯米爾島（Ellesmere Island），離北極已經不遠。

埃爾斯米爾島屬於「努納福特」（Nunavut）自治區，面積約有台灣的5.4倍，不過地廣人稀，僅住了百餘人，是有人長居的最北之地。島上除了監測部隊之外，就是伊努衣特人（Inuit）。島上夏季很短，也非常冷，不過至少沒有覆冰。古生物考古隊為這裡標記了一個地點，NV2K17。自上個千禧年末起，每年夏天都到島上從事短期探勘，歷經五次探勘之後，科學家們終於找到了他

在加拿大最北邊的埃爾斯米爾島上找到了提克塔里克的化石，印證了預測，是科學過程的展現！

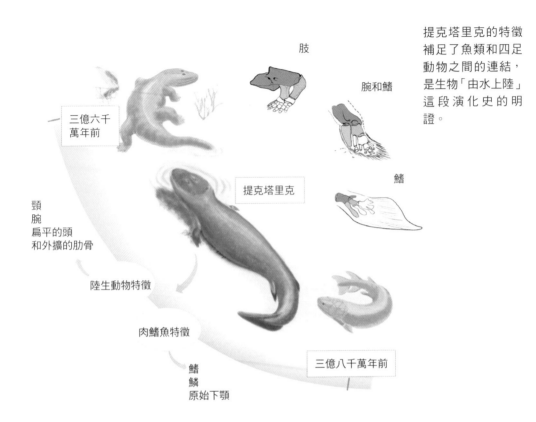

肢

腕和鰭

鰭

提克塔里克的特徵補足了魚類和四足動物之間的連結，是生物「由水上陸」這段演化史的明證。

三億六千萬年前

提克塔里克

頸
腕
扁平的頭
和外擴的肋骨

陸生動物特徵

肉鰭魚特徵

鰭
鱗
原始下顎

三億八千萬年前

們所預測的生物化石。

　　考古學家為什麼要跑去這樣偏遠、寒冷的島上尋找化石呢？三億多年前的淺灘灣流想必不會在天寒地凍的北極圈，但當時的北美洲板塊是熱帶地區，是孕育生物的最好環境。日後板塊漂移，才造成現今的北美洲緯度偏高。整合了諸多學門的知識與資訊，古生物學家才得以推測出這個地點可以作為挖掘的基地，目標是一種名為福染姆構造（Fram Formation）的岩層。這種岩層是一層軟、一層硬岩反覆疊合：有水流時留下較軟的沉積岩，而水流乾涸時則累積較硬、較薄的砂岩層。福染姆構造提示我們，這裡過去很可能就是適合提克塔里克生活的淺灘灣流環境。

　　在預測了時間、地點，經過五次探勘之後，科學團隊很快就在 2004 年找到了提克塔里克的化石，轟動一時。在提克塔里克之前更類似魚類的潘氏魚（Panderichthys），及之後更接近兩棲類的魚石螈（Ichthyostega），兩者都有 ichthys，或希臘文 ΙΧΘΥΣ 的字根，基督徒讀者或許會有感應。Tiktaalik 則沒有

運用這個字根，乃是發現者遵照當地伊努衣特語造字的緣故。Tiktaalik，在伊努衣特語即是「大淡水魚」之意。這是一個尋找「失落的一環」的故事，透過前人的發現和既有知識，拼湊出尋根的方向，導致了一個新物種化石的發現。深入探討提克塔里克的骨骼結構、活動方式與演化過程如何進行，學者進一步把化石個體與整個生物演化體系發展連結起來，推論出由鰭到肢的演變歷程。這些骨骼構造一脈相承、不斷特化，最終出現了擁有更多功能的「腕」，形成今天你我身上的那雙巧手。

然而提克塔里克是否真能作為演化研究中「失落的一環」，在科學界尚未有定論。2010年以來，科學家也在波蘭境內發現了所謂的「波蘭足印」，這個新發現也許能證明比提克塔里克生存年代更早之前，就已有生物上陸爬行，而兩棲類動物在更早之前就已經演化出來了。不過，提克塔里克有直接的化石證據，波蘭足印則是比較間接、尚未被清楚證實是何種生物留下的「足跡」，也有部分學者認為「波蘭足印」只是魚類在淺水中移動的痕跡。無論如何，這些爭議反映了打破砂鍋問到底的科學精神，而提克塔里克是介於魚類與兩棲類之間的「魚足類」，則是無庸置疑的。

遠古的提克塔里克對我們稍嫌陌生，不過現今有些肉鰭魚依然存活。人們原本以為「腔棘魚」（Coelacanth）在六千五百萬年前就已絕跡了，但1938年在南非某個市場中，一位教授卻認出了一尾腔棘魚的「活化石」。幾年前透過基因解讀，人們也發現肺魚比腔棘魚更接近四足動物，而肺魚是淡水魚，腔棘魚則是海魚。事實上，四足動物，包括你我，都可視為肉鰭魚類發展最繁盛的一個亞綱。

證據在科學中是永遠嫌不夠的，達爾文也是藉蒐集眾多證據得出「演化」的論點。提克塔里克魚不會是演化學的結論，牠的故事也不會因挖出化石就此謝幕，若討論生物上岸的過程，牠依舊是重要的研究對象。自達爾文以來，各種關於演化的證據也不斷累積，我們將在下一章從古生物學，也從物理、化學、天文及其他生物領域加以討論。演化論得到極多觀察與實驗的支持，在科學界幾乎殆無疑義了。如果在十九世紀人們

腔棘魚 Coelacanth 屬於肉鰭魚，是活化石，但現在肉鰭魚非常少見。

會問：「演化是否成立？」時至今日，科學家們的問題已經變成：「演化究竟是如何進行的？」

## ⊙ 演化：生物學的中心準則

### 演化如何進行？

演化學早已是生物學顛撲不破的中心準則。但仔細想想，這其實是很不簡單的事，畢竟在中國典籍、希臘與羅馬等古典文化中，似乎都沒有出現過類似的概念，各地傳統文化對於地球生命源流的理解，也與演化學相去甚遠。不過在今日，即便了解的程度不盡相同，演化的概念卻被世上多數的科學家及社會大眾廣為接受。基於演化生物學的根本觀念，人們也開始討論「生物多樣性」、「人類造成第六次大滅絕」等議題。如果回到千年前的人類社會，在神聖羅馬帝國或是北宋，不知當時的人會怎麼看待這樣的問題呢？

正因我們對於演化論、生物學有基本認識，我們才能在這些基礎上探討環境與生命的永續共存，這些知識也一步步引領我們發現地球上所有的生命體擁有同一本族譜、來自同一個祖先。乍看天差地別的動物，可以是生物體系的近親，而形貌相似者可能關聯甚遠。例如腔棘魚和一般的魚沒什麼不同，卻和四肢特化的四足動物有更親近的關聯；而鯊魚

DNA（去氧核醣核酸）的指令寫出我們每一個獨一無二的個體，並負責將我們的特徵傳給下一代。

與海豚乍看相似，卻分屬魚類、哺乳類，關係其實很遠。「特徵」（trait）是生物體生理或行為的特性。譬如頭腦很大、會思考，即是人類的特徵。像「人類」這樣的生物是如何進入這本生命族譜的呢？這些特徵是如何經由演化出現呢？讓我們藉這些討論回顧上一節最後的問題：「演化究竟是如何進行的？」

首先，生物的演化指的是「生物體繁衍多代後，特徵的改變」。也就是說，演化並不是在一代之間發生的，而可能持續繁衍、綿延多代之後才衍生。達爾文提出演化論時，同時代的奧地利神職科學家孟德爾正在進行生物課本裡必定提及的知名豌豆實驗，是為遺傳學的濫觴。

二十世紀的遺傳學告訴我們特徵是藉由 DNA 傳給下一代。DNA 是一個由核苷酸形成的鏈，兩根鏈交互連結成雙螺旋長鏈大分子。把特徵傳給下一代，可

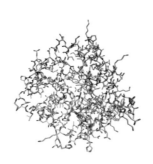

蛋白質（protein）：DNA 的指令管理蛋白質的組裝、摺疊而有不同的功能。

說是經由 DNA 不斷「說話」、下達指令，就像我們人人體內都有一本關於自己的書，書裡有篇章、段落、句子、片語等種種專屬自己的編碼結構，在 DNA 中就叫做「基因」。

DNA 只用四個字母就能書寫「人」這一本書。DNA 管理蛋白質（protein）的生產，其運作決定了我們身體各部位和器官的功能，包含細胞的生長、如何發展、何時應發展等等，指揮從受精卵發展成多細胞生命體。蛋白質是胺基酸大分子，按照 DNA 的指令以三維序列結構相互纏繞、摺疊。如果序列、摺疊方式不同，功能就會不同，反映於身體的特徵也自然有所不同，可以有各式各樣複雜的表現可能。

這部關於我們的「書」最重要的目的就是繁衍後代，因此 DNA 必須非常穩定，藉雙螺旋結構強化記錄的精確度，才能確保自己的特徵得以完整延續。

不過 DNA 複製時偶爾還是會出錯，但這就是演化的重要驅動力——突變（mutation），多半來自宇宙射線與天然放射性等突發的撞擊造成的改變。這些輻射線就在我們生活周遭，來自天上、石頭，也瀰漫於空氣中。

突變搭配「自然選擇」（natural selection，又譯作天擇），在族群中緩緩驅動演化的發生。族群（population）指的是同一「物種」彼此可以交配、繁衍後代，且有共同生活空間。經過突變，新的特徵會被「自然篩選」，讓有助個體生存與生殖的特徵留存於族群中，如利用資源效率的改變，或是躲避天敵的機制。比方提克塔里克，因為能夠獲得比其他同類更多的陸上資源，得以在「自然選擇」中存活；同理，有保護色的蜥蜴比起沒有保護色的同類也更有存活的可能。

突變所造成的改變多半有害生存，比如可能使個體不容易找到配偶、不容易活到成年，無法將特徵傳給下一代等等，這樣有害的特徵改變就不會在族群裡留存。有些突變則無關痛癢與生死，這些改變則可以在群體中姑且潛伏、存續。而在特殊機運下的突變若能因地制宜，使個體更容易活到成年，或利於求偶、交配、繁衍子代，這樣有利的特徵就會持續流傳，並漸漸擴展至整個族群，造成群體的演化。

因此生物演化是「生物體繁衍多代後，特徵的改變」。個體突變並不是演化，而是在某個族群中，群體內部基因資訊相互交流，藉天擇去蕪存菁，慢慢驅動演化機制。長久下來，特徵代代漸變傳續，整個群體於焉改變。演化的概念在現代醫學與科技上已有廣泛應用。在對抗病蟲害與疾病時，因為細菌和病毒不斷演化，我們也必須從演化的角度才能有效理解應對。

關於 DNA 與演化，最近熟悉的例子是 SARS，還有禽流感及伊波拉病毒，是人類將演化、DNA、遺傳學應用在醫學與流行病學對抗疾病的例子。但讓我們來腦筋急轉彎一下：

SARS 是怎麼命名的？

SARS 是 Severe Acute Respiratory Syndrome 的縮寫，但為什麼會這樣命名？Severe 和 Acute 彼此重複，用在 SARS 頗有斧鑿痕跡。這和香港有關係，因為香港是特別行政區，Special Administrative Region（SAR），從而就可看到如何造字了。但這對香港是不公平的。在「非典型肺炎」疫情在中國爆發後，中國的態度與處理並不謹慎，直到蔓延到香港時，世界衛生組織才接到香港的通報。於是 SARS 這個字被造出來，卻汙名化了香港特別行政區，對嚴謹看待這樣疫情的香港而言確實不太公平。

## 天擇與人工配種：小麥和稻米

《物種源始》（*Origin of Species*）的第一章就是關於人工配種，和自然選擇是相同的架構，只不過是以人的頭腦和手取代「無意識」的環境改變。達爾文藉由這個已有的人類經驗支持自己的物競天擇理論。我們常聽到的「農作」、「家禽」、「家畜」、「園藝」等等，都是「人擇」或人工配種的結果。

在中東與歐洲文明中，小麥是最熟悉的作物，其原生種生長於今日的土耳其、小亞細亞一帶，約一萬一千年前開始人工篩選。人類以漁獵、採集維生，在成功培育小麥後才開始種植、農耕與畜牧。人類喜歡吃小麥，於是設法「加強」麥種、幫助它生出更多子代。農家必須設法保留與儲存小麥的種子，觀察怎樣的麥子好吃，及怎樣的麥子可以賣好價錢，慢慢於試驗中栽培出新種小麥。於是人類的農業活動改變了原本的生活方式，進而邁向文明。

我們現在的麥子不是一萬年前的原生「野種」，而是經過多年的篩選與配種而來。在電影《神鬼戰士》中，我們看到麥穗隨風搖曳，十分美麗……。可是你想想：種子的目的是為了繁衍後代。麥子成熟了，怎麼會隨風搖曳而不掉落呢？如果不趕緊落到地上，可能錯失繁衍後代的機會。今天所看見的麥子，即便葉子枯黃，種子仍不掉落，這就是人

稻米：作物經由人類的篩選而得以布殖。在人擇之下，今日的稻米已經不是遠古野生繁衍的種類了。

一樣理應掉落地上，且白米和稻殼應難以分離，好在稻子掉落後，經過冬日的乾旱，在春雨來臨、回溫時還能夠發芽生長，這些都是有利稻子繁衍的機制。但是透過人工篩選，我們今日所見的稻子，成熟後大多不易掉落，而稻米卻容易與殼分離，方便人類的收割與食用。

因著人類的喜好，許多動、植物受到人工篩選與淘汰。這些作物、家禽、家畜如果被野放，將無法與自然界中的同類競爭，因為在人工篩選過程中已然發展出必須受到人類照顧的特質了。對人類而言，除了可以藉配種繼續改變動、植物的特性，到了近代，人們更進一步利用基因工程直接改造基因，從根本使物種具有人們預定的特徵。這樣的「基

工篩選的結果。從人類利益的角度而言，如果麥子太早掉落，就不方便收成，澱粉質也可能較低。沒有殼的麥仁是不能繁衍後代的，但沒有除殼的麥子，人們又不愛吃。現今的麥子繼續留在麥穗上，收割後藉強力拍打使它掉落，再用特定方式進一步分離麥仁和殼，這都是人工篩選的結果。為了配合人的種植條件，今日的麥子於焉培育出來。

在台灣，我們比較熟悉的主食是稻子。稻子和小麥約在同一時期於珠江三角洲開始被馴化的歷程。稻子成熟時和麥子

---

**究竟是人類馴化小麥，還是小麥「馴化」了人類？**

農業的發展，看似人類把小麥馴化成了自己的食物；但是對小麥本身而言，藉著提供人類喜愛的食物，它得以透過人類的勞動與智慧，讓自己的物種從小亞細亞，繁衍到中東、歐洲、中國、印度，成為遍佈世界各地的成功物種。能不說是人類被小麥馴化、幫它遍布世界嗎？這沒有標準答案，也可能是個浮士德的交易、即小麥和人之間的魔鬼協定。誰受益誰受害，你怎麼看？

改」是藉著對基因、DNA、遺傳學等的操作性了解，讓人類可以不借助人工的配種「篩選」而直接「改造」生物。如果有興趣，你可以稍加了解背後的過程及爭論。「人工改造生物」，會不會有一天產生新物種，甚至新「人類」？

## ⊙ 生物族群變異

### 微演化與繁衍時程

演化的關鍵是族群變異。可是，這些族群是如何「變異」呢？我們從微演化的角度探討這個問題。雖然「演化」的定義是「產生新物種」，但其實在較小的規模與時程，「演化」也不斷地發生。

「抗藥性」就是觀察微演化的一個好例子。我們常聽到超級細菌、超級病毒，是因為原先人類已知的應對策略不再適用，這些細菌、病毒靠著微演化，發展出對抗人類藥物的能力。佛萊明早先發現在培養皿中，青黴菌吞噬了細菌，因此提煉青黴素對抗細菌性疾病。這使得人類的死亡率下降，特別是在戰爭中遇到傷口感染、敗血症時大量使用。然而，細菌的後代因生物族群變異，偶爾也有些許具有足以抵抗青黴素特徵的細菌殘留下來，並在周遭環境恢復穩定時大量繁衍。在這樣的循環下，新一代細菌漸漸能夠抵抗青黴素。物種並沒有改變，不過卻發展出新的特徵，這就是細菌的「微演化」。從前許多令人聞風喪膽的細菌藉抗生素得以一一克制，但是這樣的科技應用，似乎也使醫療本身變相成為一種人工篩選，具有抗藥性的細菌就在世界各地慢慢被催化、培養出來了。

我們再以孔雀魚作為另一個微演化的案例。原生於南美洲千里達島的孔雀魚（Guppies）在比較大的河流中，無論成魚或幼魚都容易被大魚吞吃，但在小溪、支流，或淺塘中，因為沒有大型肉食魚，體型較大的孔雀魚就得以存活。於是不同環境中成長的孔雀魚，就各自發展出

許多人喜歡到醫院或診所拿藥，常稱為「消炎藥」的許多是抗生素。這些藥物若是口服因而是全身性的，務必要把配定的藥量按序吃完。醫生分配的量是定時服用的，每一劑會殺掉你身體中一批細菌。口服抗生素和我們身體的免疫功能配合，藉抗生素壓低細菌數量，若正常服完，則剩下的少量細菌，在數日反覆肅清下，最終被免疫系統對付掉。但一個人若吃了抗生素，自以為好了就沒有繼續吃，在體內的細菌就被篩選，他的身體像是一個培養皿，篩選出具有抗藥性的細菌。所以，特別是抗生素，請遵醫囑切實服用完畢。

孔雀魚：不同地區孔雀魚演變出體型、後代數量等特徵差異。

不同的特徵：小溪中只有孔雀魚的幼魚會被肉食魚所吃，但是較小的肉食魚不吃成魚，因此溪流裡的孔雀魚體型較大，後代也比較少。但在大河流中，肉食魚大小通吃，孔雀魚就變得體型較小，且成熟快、繁衍大量後代，以數量對抗獵食。即使在不同環境中發展不同，但如果把體型小的孔雀魚放入小溪，大約只需二十代左右的時程就會演變為小溪流孔雀魚體積大、後代少的特徵。這些孔雀魚的物種並沒有改變，但在生存壓力下不同地區的孔雀魚也演變出體型、後代數量等特徵差異。「微演化」之下，即便群體之間產生些許特化，不過整個物種族群的總體特徵並不會有所改變，還是可以彼此交配。

要進一步瞭解演化，我們需要對生物繁衍有更具體的時間感。細菌藉無性生殖直接分裂，繁衍一代只要一小時到一天，一千代大約四十天到兩年，也就是說，經過一百萬年，細菌就能繁衍約四億至九十億代！我們熟悉的貓、狗繁衍一代約兩年，一千代則需兩千年，百萬年後則大約繁衍了五十萬代。人類的時程則拉得更長，需要二十年左右才能繁衍下一代，一千代則需兩萬多年，經過百萬年，也只能繁衍四、五萬代。人類最初的祖先約在數百萬年出現，但我們智人（Homo Sapiens）出現則不過二十萬年，也就是才一萬代而已。

人們常有這樣的迷思：因為沒有親眼看見演化發生，所以演化並非真實，只是個理論。但這是錯誤的觀念：在實驗室裡以試管培養細菌，就能證明演化的真實發生，甚至在以年為單位的短時間之內就能看見物種的改變。所有的貓或狗彼此都是同類，雖然野貓、家貓特徵相差甚遠，但依然可以在微演化的框架下相互交配。物種演化並不只是推論，而是真實的歷程，且往往需要一段超乎人類生存尺度的時間。

## 物種源始

演化的長期特性就是「新物種」的誕生，源自「子族群長期只在子群裡交配」的過程。長期只在子群裡交配，廣泛的說就是與原物種「隔離」。這可以是實質的、地理上的，也可能是資源使用上的特化。經過長期區隔、特化，子群漸漸不再對原物種的呼喚回應、不再互相

一生在海裡討生活的海龜，身體構造適應水中環境，卻留下了爬蟲類發展的印記：牠回到沙灘上挖一個洞產卵。你應該看過這樣的影片，海龜的遠祖如提克塔里克離開水上陸，由兩棲類演化成爬蟲類，後來的祖先則因資源使用重新回到水裡，但仍生下硬殼的蛋。這些蛋不能在水中孵化，因此海龜必須回到陸地產卵，孵化的小龜冒著危險趕緊回到海中。

交配，或是交配後不能生出具生育能力的後代，屆時，兩個子群已成為不同的「種」，新物種於焉產生。

有時候子群之間即使區隔，但因時間不夠，或仍有交流，尚不能達致新物種的產生。例如全球不同地區的人類有不同的文化與生活習慣，但不論白人、黑人、黃種人都能彼此交配繁衍，因此皆屬於同一物種。但有時長相與習性相似的生物並無法相互交配，即使藉人工介入、人工受孕產生的後代也沒有自然生育的能力，那麼這兩個族群的生物就不是同「種」。例如馬和驢交配所生的「騾」並無生育能力，因此證明馬和驢並不同種。

在一步步演化下，原本生物族群間的特徵差異越來越大。「行遠必自邇」或許可作為演化過程的註解：新物種一種、一種慢慢產生，累積了成千上萬新物種誕生，「走」得很遠之後，彼此之間的區別就可以很大。走得夠遠，風景就十分不同。

雖然新物種是在很多代之下緩緩發生，然而演化變異若使新族群得以佔有新棲地，或發展資源的新用法，有時就能快速產生歧異或分離（Divergence），得以放射性、快速、戲劇性的變化。譬如上陸之後的四足動物：新植物種和節肢動物（昆蟲）已演化並遍佈全地，有些魚類因陸地上出現新的資源，就以四足動物的新風貌，上陸適應新環境、利用新資源。提克塔里克是在這樣的環境導引下上陸，以「魚足動物」發展出四足動物的雛形：兩棲類。兩棲類既生活在水裡、又能生活在陸地上，但早期兩棲類必須回到水中產卵，不過漸漸又演

化出具有羊膜與硬殼的蛋保護幼體生長的物種，使母體不需回到水中而可適應乾燥環境，在一步步特化下產生可以完全離水存活的爬蟲類。

## 最後共同祖先

如果我們將演化的歷程逆推，任何兩個物種都可以在過去某個時間點找到共同的祖先，而兩個子物種歷經隔離分化成不同物種，有如樹枝的分枝。從這樣的思考，我們可以畫出物種的「演化樹」，循演化樹的枝幹回推，找到任兩個物種的「最後共同祖先」（Last Common Ancestor）。不過，最後共同

祖先的物種多半不容易找到化石；如果新物種產生多半是隔離的結果，那麼新物種成功出現、繁衍時，起初的數量應該較少，不易留下化石。而在繁衍過程中，這些新物種又可能持續分化出更多新物種，因此要找到兩個物種的真正原初「共同祖先」會有一定的困難度。

藉由最後共同祖先的概念，我們推論魚類和四足動物應有最後共同祖先，牠演化出輻鰭魚和肉鰭魚兩類分支，而後者經由類似提克塔里克的物種再演化出四足動物這一支脈。在往四足動物之路上的各分叉中，不論是潘氏魚、提克塔里克、魚石螈，多半都不是四足動物的

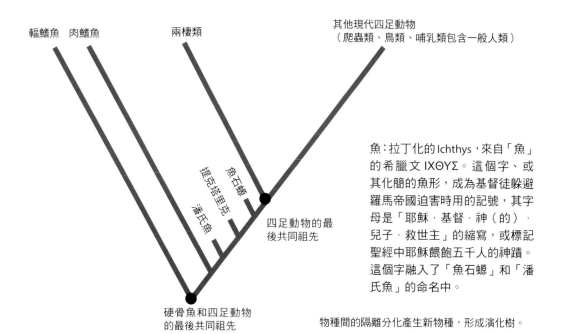

輻鰭魚　肉鰭魚　　　　兩棲類

其他現代四足動物
（爬蟲類、鳥類、哺乳類包含一般人類）

魚石螈
提克塔里克
潘氏魚

四足動物的最後共同祖先

硬骨魚和四足動物的最後共同祖先

魚：拉丁化的Ichthys，來自「魚」的希臘文 IΧΘΥΣ。這個字、或其化簡的魚形，成為基督徒躲避羅馬帝國迫害時用的記號，其字母是「耶穌·基督·神（的）·兒子·救世主」的縮寫，或標記聖經中耶穌餵飽五千人的神蹟。這個字融入了「魚石螈」和「潘氏魚」的命名中。

物種間的隔離分化產生新物種，形成演化樹。

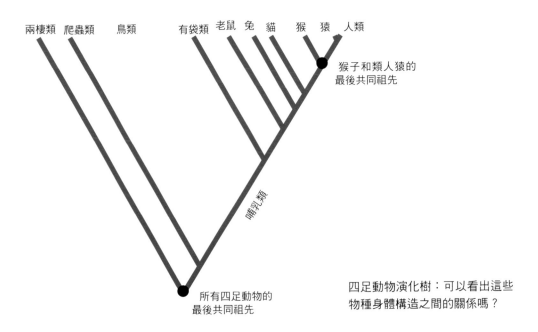

兩棲類　爬蟲類　鳥類　　有袋類　老鼠　兔　貓　猴　猿　人類

猴子和類人猿的
最後共同祖先

哺乳類

所有四足動物的
最後共同祖先

四足動物演化樹：可以看出這些
物種身體構造之間的關係嗎？

直接祖先，而是遠祖的堂、表親，牠們的血脈多半都滅絕了。

　　從所有四足動物的最後共同祖先，先分叉出兩棲類，而走向我們的血脈又再分叉出爬蟲類與鳥類這一支。在兩億至兩億五千萬年前，這一支脈又出現原初哺乳類。牠發展出較大的腦、特化的四肢、感官變化、額骨、牙齒，以及由雌性體內孵育後代等特徵，漸漸不同於爬蟲類。同時可能因為哺乳類是溫血的緣故，使其雖然能量需求較高，卻也擴大了活動與生存範圍。雖然原初哺乳類的特徵不再與爬蟲類相同，卻是從牠們的身體構造演化而來。

　　哺乳類的各分支，我們較不熟悉的有在澳洲保留較多的有袋類（marsupials；還有鴨嘴獸這樣會生蛋的哺乳類），以及鼠、兔、貓……到所有猿猴類的最後共同祖先，由其分化出猴子、黑猩猩……以及我們人類。人類所屬的「靈長類」約在六千至八千萬年前出現，共同特徵包含能抓東西的手腳、前視的雙眼、更大的腦等，但這些都不是人類獨有的特徵。例如鯨魚的腦是所有生物中最大的，但並不是靈長類；浣熊擁有可抓握樹枝的手腳、可前視的雙眼，說不定有一天，

造物奇妙，誰曰不然？

牠們也有機會發展出類似人類的文明？

我們一路勾勒出從魚足類、四足動物，直至人類的演化發展。也許我們可以這樣問：是否像提克塔里克這樣的大型動物上陸後，面對了與原本水域截然不同的環境，導致了智慧發展的新契機？

## ⊙ 演化與信仰

本書背後的通識課程參考了美國科學院所出版的 *Science, Evolution, and Creationism*，書名雖然將 Creationism 即創造論，與科學、演化並列，但其實對付創造論才是該書的主軸。

不知你是否有如下的經驗歷程：如果從小浸淫在英語環境，當你一聽到 creature 這個字，就會聯想到昆蟲、小動物等生物，直到某一天你才猛然發現它的字根 create 和「造物主」（Creator）、「創造」（Creation）有關，但是念法不同。creature 這個字，其實指的是「被造的生命體」。

全世界大概只有美國還暢行創造論，但為什麼美國科學院這麼在意這個問題呢？因為擔心這樣反科學的說法會有不良影響。

> 演化論的核心即是：有設計，但是沒有設計師。

這樣的陳述是理性、不帶情緒的。在美國，因為信仰，科學教育受到挑戰，而台灣並沒有這樣的問題。但可以思考的是：中國、台灣雖沒有創造論述，我們把演化當作真理，但是民間信仰、求籤這些行為還是隨處可見。你可以思考與反省：在這樣的文化背景裡，演化論與科學教育在台灣有什麼樣的困難？

以下我們先綜論科學的求證，繼而探討對「化石證據不全」的質疑、理性與信心，最後引入「設計」議題的討論。

### 科學求證

> 科學的定義，乃是從證據出發，建立關於自然現象的解釋與預測，經由反覆檢驗過程所產生的知識。除了講求證據並提供解釋，要點是能提出可被檢驗的預測。

這樣的定義讀來枯燥。讓我們以演化論作為一則操作實例加以解析。

首先，它關乎自然現象，這一點在演化論當然無庸置疑，但在方法上必須可

重複，方能被其他人獨立檢驗。因此，任何的科學解釋都必須有可觀測的推論來支持想法，或用以推翻解釋。

其次，科學具有與時俱增的累積性。藉由提出可被觀測檢驗的推論，觀測與解釋可互相加強，因此科學的範疇與精緻度與日俱增，不過精確度可能受限於當代的科技水平而有一定的適用範圍。

第三，藉科學活動所產生的知識，經長時間的檢驗、累積，因此部分科學解釋已被徹底驗證，在應用範疇內不太可能再生變動，因而被科學家普遍接受為對自然界的真實描述。比如血液循環、行星藉重力運行、原子結構、基因遺傳⋯，以及藉天擇推動的生物演化過程等大家耳熟能詳的知識。

最後，常有人問：「演化究竟是理論或事實？」回顧我們前文已經說明的「除了實驗室裡試管中探討細菌，人無法親眼目睹演化發生」這個現象，平心而論，演化論確實相當特別：它是科學理論，但不是「日常經驗」範圍的理論，但不改它已是科學事實的地位。

怎麼樣叫做科學？要能夠提出預測、能夠被別人檢驗。自然科學背景的人，可以印證一下這個不變的法則。如果你不是學自然科學的，也可以多加體會。

## 化石證據不全？

化石紀錄不全的問題在達爾文的時代就被提出，是一個科學質疑，而不僅是宗教性的挑剔或挑戰。當時的化石紀錄確實不夠完整，似乎難以建構、支持演化論的主張。不過至今已經超過一百五十年，嚴謹的生物學家已不再認同「化石紀錄不全」這樣的說法：我們發現化石紀錄有著驚人的一致性。科幻電影中原始人面對恐龍的畫面實則不可能發生。恐龍在六千五百萬年前就已滅絕，現在的鳥類、鱷魚等等，都可算是恐龍的後代，而人類從猿人開始，也不過幾百萬年而已。事實上，我們從未發現年代早於兩億兩千萬年的哺乳類，當爬蟲類演化出恐龍時，我們的哺乳類祖先仍然卑微地在食物鏈邊緣討生活。這也就是說：人類和恐龍活躍於完全不同的時代，不可能同時發現兩者的化石。

從十九世紀末開始，另一類不斷湧現的質疑是化石次序的錯亂或倒置，不過這些疑惑依舊可以得到解釋：這可能是因當地有斷層，也可能是地層曾經移動翻轉，以致地層可能突然從五億五千萬年跳到十二億年。這些同樣可以透過嚴謹認真的研究，及科學家的相互辯論加以釐清。

美國的科羅拉多高原，經過科羅拉多河將近兩千萬年的切割，在亞利桑那州北部形成了大峽谷，可以看到明顯的層狀結構，從上而下約累積了十多億年的沉積層。最上層的 Kaibab 石灰岩有近兩

這是科羅拉多州的大峽谷，如果有機會去，可以試著下到谷底。

億五千萬年，也就是爬蟲類現身的時期，下層則是 Tapeats 砂岩，大約是五億五千萬年前的海岸。從 Kaibab 石灰岩至 Tapeats 砂岩標誌的這兩段期間，出現了好幾度的生命大爆發。但峽谷最底部則是時間段與前兩者毫不接續的古老地層，如岸邊海底的 Hakatai 頁岩有十二億年之久，最底層海邊淺灘的 Bass 石灰岩則有十二億五千萬年的歷史。在這邊談及

科羅拉多河切割的大峽谷，倒不是說峽谷是化石的大本營，而是要指出這樣層狀更迭的岩層結構，累積許多不同年代的岩層，提供了採集化石、研究地質等等絕佳的環境。可見科學家的理論並非隨口說說，都是地質學範疇的學問。

新技術與新方法的出現，更為化石研究提供新的檢驗方式。譬如大家或多或少有些概念的電腦斷層（Computerized Tomography, CT），就是藉 X 光的掃描，將影像做電腦處理，解析出活體一層層的「切片」資訊。

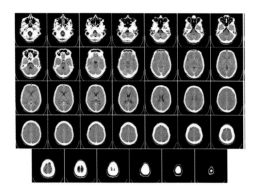

頭部電腦斷層掃描圖。

左圖是電腦斷層頭部影像切片。從第一張圖可以看見鼻骨、眼泡的下端、脊髓、耳朵結構。往右則可看見脊髓和小腦連接之處、眼泡加大以致出現眼球。再往下的影像漸漸離開眼泡，可以看到額頭的眉骨，接著是許多片大腦的切面圖，最後結束於頭蓋骨。這是可以診察

生物內在結構的活體影像，在現代醫學運用於診斷已是司空見慣，即使腦溢血、腫瘤，專家們都可以藉 CT 來診斷。

這樣的「非破壞性分析」，當然也可應用於化石研究。譬如 Herrerasaurus 是約兩億三千萬年前出現的最早期恐龍之一。以前若想了解 Herrerasaurus 的身體結構，可能要支解牠的化石。但如果用電腦斷層掃描，不需支解破壞就能觀察頭骨化石內部的細微結構，什麼樣的痕跡都可以看得鉅細靡遺。

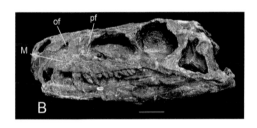

Herrerasaurus 恐龍的頭骨化石。

這些技術都是我們研究的工具，利用化石研究，我們甚至能夠勾勒出人類的祖先。在下一章，我們將進一步細述人類如何在東非追尋先祖的故事。

## 理性與信心

我們把時間拉回伽利略同時期的刻卜勒（Johannes Kepler, 1571-1630）。1609 年底，伽利略拿起望遠鏡看天，同一年，刻卜勒接手了觀測家第谷的資料，針對哥白尼學說進一步解釋，寫了《新天文學》（*Astronomia nova*）一書。

我們每天從早到晚，看見太陽和眾星升起落下，直觀上很難接受地球繞著太陽轉。但刻卜勒是位數學家，根據行星與其他星的相對位置的綜合觀測資料，他判斷哥白尼才是正確的。他當時面對的問題正是一般人直觀心理上的難以認同，可是經過獨立觀測、計算與學術討論後，刻卜勒得到的星空體系結果，卻與伽利略的見解彼此呼應。

刻卜勒在他的《新天文學》裡寫道：

> 或許有人信心太軟弱，無法既相信哥白尼、又不自覺與敬虔（piety）衝突。就讓這樣的人待在家裡料理他自己的事吧。讓他安撫自己的心說，自己事奉神並不比天文學家來得少。但神已賜給天文學家特權，可以用心中的眼睛看得更清楚。

心中的眼睛（the eyes of the mind）出自新約聖經以弗所書[注2]，在這裡指的是理性的推論，讓證據說話。而古典希臘的亞里斯多德

刻卜勒

亞當的創造（米開朗基羅）。

說：「吾愛吾師，吾更愛真理。」也就是說，權威不是重點，真理才是重點，這是西方科學的發展契機。心中的眼睛、理性的推論是沒法和人類的猿人祖先說清楚的，但是現代智人擁有理性推理的能力，這正是我們獨特之處。

雖然伽利略被教廷審判，但是他的天文觀測、比薩斜塔的自由落體實驗，以及刻卜勒藉觀測結果推論出來的行星三大運動定律，成為牛頓力學與萬有引力論的根基。伽利略在 1642 年過世，而牛頓正巧在同年出生。牛頓曾說他的成就是因為他「站在巨人的肩膀上」，這兩位前輩就是他口中的巨人。到了牛頓的時代，因為精確的預測已得到充分印證，很少有人會再去質疑物理學家的「自然哲學」了。

## 「設計」問題

創造論的新學派主張「智慧設計」，認為生命有著「不可化約的複雜」，不可能只是漫無目的的突變就能自然演化出來的。1802 年，William Paley 提出鐘錶匠類比：在沙灘上撿到一個鐘，必定知道那個鐘是有人設計的，因為鐘缺少任何零件就無法正常運作。這樣的辯證很有說服力，達爾文年輕時原本也深信不疑。

智慧設計的主張者常引述的例子是：即使是細菌的鞭毛（Flagellum）構造都已十分複雜，其基部是靈活的奈米馬達，幾乎可說是現代有機微工程的夢想，怎麼只會是一些蛋白質分子隨機掉落混雜而生的呢？更複雜的結構，比如我們的眼睛、哺乳類的免疫系統、血液凝結就

更不用說了，必定是出於某位超越一切的智慧設計師之手。

讓我們先看看鞭毛。鞭毛和細菌本身連結處是個奈米馬達，有能源供應，而細菌能藉著感應舞動鞭毛，趨近營養、避寒趨暖。然而，鞭毛並非只有單一的結構，而是從簡到繁，有各式各樣的形式。其實細菌有多種移動方式，並不僅限於鞭毛運動一種而已。當我們探索比鞭毛更基本的結構，會發現鞭毛是由細

細菌的鞭毛結構猶如奈米馬達。

胞膜延伸出來，其蛋白質和細菌分泌的毒素有關，原始功用並非為了運動。我們在下一章會討論演化的生化驅動，即「控管蛋白質的些微改變，可以導致結構與組織的演化創新」。凡是有益生存的發展特徵，就可能被保存並演化下去，鞭毛便是細菌生存演化累積的結果。

因此鞭毛的存在其實並不是不可化約的複雜，而其他像血液凝結、哺乳類免疫系統等，都能找到較簡單的前驅。譬如血液凝結的一些構成要素，在哺乳類的前身也能找到，這個前身所演化出的現代魚、爬蟲類及鳥類等支系，也同樣具有些許血液凝結功能。

常見的演化創新辦法是基因重複拷貝（gene duplication）：細胞分裂時某基因可能重複複製，若傳到後代，一套可克盡原本功能，但另一套可累積變異，最終導致新功能，直到有一天因為環境變化，生物體適應環境，發揮了該功能。

我們再以章魚眼為另一個例子：章魚與我們十分不同，可是它的眼睛構造卻和人類的眼睛有諸多相似之處：角膜、虹膜（光圈）、水晶體（鏡頭或鏡片）、玻璃體，最後是視網膜，好比相機的感光像素或畫素，這些畫素訊號集結起來，透過視神經傳送至腦做影像處理。人的眼睛十分精緻，章魚的眼睛雖然粗糙、簡單一些，但是該有的構造應有盡有。有意思的是，雖然軟體動物與人類的祖先區隔超過兩億年以上，但控制眼睛發展的都是所謂的 Pax6 基因群組。

從與章魚類似的軟體動物，我們也可比較發現不同動物的眼睛對不同生活環境的各種演化適應。譬如像蝸牛一般爬行的骨螺有水晶體，眼球內側也有視網膜；會游水的鸚鵡螺有針孔眼而無水晶體，針孔可於感光盤面清楚成像；裂殼螺沒有針孔眼，眼睛只是一個凹陷的感光盤面，可藉由感受不同方向的光源而

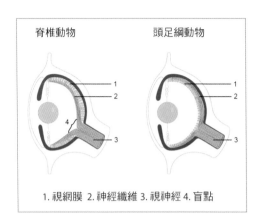

脊椎動物　　　頭足綱動物

1. 視網膜　2. 神經纖維　3. 視神經　4. 盲點

章魚（頭足綱動物）的眼睛，和人（脊椎動物）的眼睛有許多相似之處。

章魚的眼睛。

鸚鵡螺的眼睛有針孔眼而無水晶體。

產生方位感，有名的龍宮翁戎螺便是裂殼螺的一種。又如我們在港邊時常能看見在木頭、石頭上附著不動的帽貝，它為數不多的感光與神經細胞分化自上皮細胞，只能感受白天與黑夜的變化，也確實反映它的生活所需。

　　演化因適應不同的生活環境而有不同。章魚是獵食者，能透過全身變色融入環境，因為必須能夠徹底感受周遭環境的變化，從而發展出複雜的眼睛結構。從這些例子我們可以瞭解眼睛的演化並非憑空產生，之所以有不同的複雜發展，與生物如何適應環境密切相關。

### 演化論與科學教育

　　在美國不時可以看到這樣的新聞爭議：南方以基督教為核心價值的一些州在州議會通過立法規範學校不能教演化論，或主張演化論只是個理論，創造論也是和其並駕齊驅的理論，不應只偏重演化論而歧視創造論，而應兩不偏廢。在現代民主社會，我們首先要明瞭所謂的特殊利益遊說團（Special Interest Lobby），雖然推動了許多社會的改變，但我們都需要小心這些議題團體的宣傳，如何包裝了背後的真實目的與動機，以及它可能造成的確實影響。

　　美國國家科學院十分憂心貶低演化論危及科學教育，明白指出創造論者對於學校教育的干涉，將使學生無法得到正

確的科學概念，而科學的認知對現代社會的發展極為必要，有選票的選民如果缺乏科學認知，這個社會是有缺陷的。而在當代科學技術昌明的社會，所有的學生，不論專業，都應該接受扎實的科學教育，這決定了中學課程的內容，與大學跨領域通識課程的必要。而高薪、能夠成長的工作，多半和科學概念及其衍生應用有關，必須對科學有所了解。總而言之，科學在現代生活中具有全盤重要性，科學課程不應滲入非科學素材。

台灣並沒有創造論述的問題，但這並不是說台灣科學教育沒有問題。相反的，在台灣我們看到「科學」被接受，但民間信仰與習俗和「科學」並行，而考試文化揮之不去，不過這個討論已超出本書的範圍。我們謹在這裡引用達爾文演化論巨著的激發者和擁護者華理士的話，作為演化論的評價：

> 我認為，對有理性的人，達爾文的觀點必然會勝出。他的論證，龐大而有累進性質，孤立的困難與反駁，撼動不了。
>
> （華理士 1861 年致其二姐夫的信，王道環譯）

當初年輕的華理士在東南亞的採集讓他已有演化論的想法，後來他的二姐夫因信仰的理由與他爭辯演化論，但華理士強調理性的人應當願意坐下來好好學習與探討，他「二姐夫的問題」都可以得到解答。這個「理性」，就是我們「心中的眼睛」，康德與愛因斯坦口中的「Vernunft」。

## ⊙ 沒有設計師的設計！

要總結演化論與有神論宗教信徒話語權的爭論，一言以蔽之，便是演化論是「沒有設計師的設計」；「神」不但退出了物理，也退出了生物學。但這並不等價於科學與信仰的衝突。讓我們藉一位能兼顧科學與宗教兩面的學者見解來說明。

法蘭西斯科・阿亞拉（Francisco J. Ayala）是位大學者，1993 至 1996 年任美國科學促進聯會 AAAS 會長，獲頒國家科學獎章，也是包括美國等多國國家科學院的院士。出生於西班牙的他在赴美攻讀博士之前曾是道明會（Dominican）修士。他認為演化論「是與相信上帝的宗教信仰一致的，創造論與智慧設計則不然。」不論信神與否，每個人都可以去深思。

「沒有設計師的設計」（Design without designer）同意生物設計精巧，如達爾文所說「最絢麗、最奇妙的無盡形體」。用阿亞拉的話：「演化論說明了生命的素質，乃是偶然與必然交織出來的；一個自然過程，連結隨機與命定，噴濺出我們所知道的宇宙中最複雜、多

法蘭西斯科 · 阿亞拉。

樣而美麗的實體：遍殖於地球的生物，包括會想、能愛、具有自由意志及創造能力的人類，<u>能夠解析出自己所由生的演化過程。</u>」

讓我們先註解一下偶然與必然、隨機與命定：突變是隨機的，但憑藉著某個可以將特徵有效傳遞給後代的方法。而天擇是從突變的後果中篩選。突變與淘汰這兩道機制共同驅動了不可思議的過程，使地球各地都持續不斷地變化，從「原始的」微生物出發，產生出「漂亮的」蘭花、「唱歌的」鳥類，以及人類。

雖然人類正在滅絕其他生命，但人類也解析出自己所由生的演化過程。作為「沉思者」的我們，走在 Know Thyself 的道路上，這是何等震撼！達爾文的根本發現，乃是<u>一種具有創造力、卻無意識的自然過程：</u>

**活物的設計可用受自然法則支配的自然過程來解釋。**

這是達爾文所成就的概念革命。這個根本洞察徹底改變了人類如何認知自己，及自身在宇宙的定位。「創造論」和「智慧設計」其實是人心理念與信念的投射。可是達爾文發現萬物的設計是透過自然法則支配，是自然過程，與其說是設計，不如說是適應。我們的確是打造出來的，只是我們的出現不是根據一個明白的設計圖。但這是否直接與聖經相違背？你怎麼知道這不是神的手段呢？

在已經一百三十八億歲的宇宙中，我們現代人類出現得很晚，才二十萬年，現代人進入畜牧和農業時代也不過是一萬年前，進入有文字紀錄、器物文明的信史時代，則是近幾千年的發展，現在的科技時代更僅有短短數百年而已。過去這一、兩個世紀，人類得以往回看，看見自己的起源、思索我們來自何方。這是我最希望介紹的最奧妙之處。

最奧妙、最發人深思的，就是沉思者自己。

---

注 1：Devonian 是「泥盆紀的」，從四億多年前到三億六千萬年前左右，又叫做魚類時代，魚類蓬勃發展。不過，挑戰一下你的知識：Devon 是什麼？或是你知道 Devonshire？Devon 是英國西南端的一個郡，郡的正式名稱是 Devonshire。Devon 的泥盆紀地層是最早被研究的。中文「泥盆紀」源自 Devon 的日文讀音，或許考量了「魚類時代」而據此命名，還頗達意。

注 2：刻卜勒原本想當牧師，其實達爾文原來也是。

# Chapter 2

## 綜觀演化證據

演化論究竟是什麼？
它不是一般理論，但它是科學理論。
它已被當作事實，可是它並不直觀。

演化的發生，數千年多半是不夠的，
許多物種的演化，是幾十萬、幾百萬年的尺度。

這一章，我們篩選幾則重要的演化證據。
探討演化究竟是由何者導引？
環境變化、天擇如何發生？
我們盼望帶出深層的意涵，
也會看到人類認知的擴展。

## ⊙ 天地玄黃，宇宙洪荒

　　新物種的產生時程動輒數十萬年計，因此演化的先決條件，就是地球的古老。這個認知牽涉到天文學、物理學，及地質學，而核心是物理。

　　李商隱的詩句，「長河漸落曉星沉」，予人無限遐思。橫亙夜空、中文稱作「銀河」的，在詩經裡就有天漢，又稱河漢、雲漢、銀漢、天河等等，還有古老的「鵲橋相會」傳說。銀河的英文是「奶道」（Milky Way），來自拉丁文 via lactea，更上溯希臘文 Γαλαξίας，即英文的 Galaxy。

　　太陽系位在如下圖的漩渦裡，我們肉眼所見的銀河乃是從旋臂位置沿銀河系盤面看過去，視線上有不少塵埃。若使用較少受塵埃影響的紅外線攝影再做影像組合，可以看到一個扁平盤面，核心隆起，是恆星較集中的地方。我們在一個旋臂裡運動，大漩渦裡有很多小漩渦，因此在我們附近的眾星雜亂運動，也就是赫歇爾發現的 Solar Motion。

　　自十六世紀哥白尼以來，人們開始知道地球繞著太陽轉，太陽本身也在轉動。到十八世紀晚期，赫歇爾製作了大口徑的望遠鏡，發現太陽周遭的群星宛如氣體分子般都在運動，太陽系置身於一團運動中的星星裡。我們對周圍群星的認知，最後竟擴展到有十萬光年大小的銀河系！因此從赫歇爾開始，我們發現宇宙比原來想像的大得多。這樣的認識是恢宏的。我們每天看著太陽升起、落下，自然認為太陽繞著地球轉，但後來卻能認知天上的眾星竟是在這樣巨大的結構中。

　　置身銀河系的我們自然無法俯瞰銀河系的巨大盤面，但兩百五十萬光年之外，離我們最近的仙女座大星雲（Andromeda Nebula），則與我們的銀河系十分類似。「星雲」（Nebula）字義和「雲氣」類似，就是一團模模糊糊的東西。當初赫歇爾發現的諸多星雲，有不少的確只是銀河系的雲氣而已。仙女座大星雲起初也被定位為「星雲」，但日後運用更高倍率的望遠鏡與照相技術後，人們越來越發覺這個星雲不單純，裡頭有許多星星，結構就像銀河系一樣。自赫歇爾開始觀察星星的位置與運動以後，我們了解銀河系的構造宛如盤面，這也就是說，從我們的角度看仙女座大星雲，和從仙女座大星雲的角度觀看我們，所見的景象應是非常相似的。在晴朗的夜晚，避開光害，我們可以直接以肉眼辨認仙女座大星雲，也可以再試著用 7 倍、50 mm 口徑（7×50）的雙筒望遠鏡，看看有什麼不同。

　　1920 年代在南加州威爾遜山（Mt. Wilson）天文台建造出了 250 公分口徑的巨大望遠鏡。哈伯藉著仙女座星系的照像顯影，確立了它是星系而不是雲氣。

銀河系想像圖，我們處於這大漩渦的一個漩臂上。

仙女座大星雲。

詩經中的天漢，就是我們熟悉的銀河。

銀河系側面紅外線攝影。

2006 年諾貝爾物理獎得主馬瑟（左）與斯穆特（右）。

左圖：天文學家哈伯。

哈伯不只成功確認許多星雲其實是龐大的星系，他的歷史大發現乃是：**越遠的星系遠離我們的速度越快；我們身處銀河系**，但眾星系彼此的距離正在拉大：宇宙正在膨脹，這也對應了宇宙「大爆炸」（Big Bang）產生的理論，我們將在後續宇宙的單元深入解說。人類眼界拓展，發現宇宙比赫歇爾所了解的還要巨大得多，而我們的銀河只是眾星系之一，是組成宇宙的基本單元。有趣的是，宇宙裡星系的總數，似乎和我們銀河系內星星的總數相當。

知道了宇宙很大、很大之後，我們進一步說說它的年代。我們的地球位在太陽系，而太陽是銀河系數千億顆星之一，銀河系是宇宙數千億星系之一。天文學家測量星球的距離與運動（速度），從而測量出時間，該星距離我們多少光年，

也就是光要跑多久才能抵達。但對於測量宇宙歲數，還有個意想不到的測量方法，就是觀測宇宙大爆炸的「餘溫」與細節！約翰‧馬瑟（John C. Mather）和喬治‧斯穆特（George F. Smoot）藉觀測宇宙微波背景輻射，確認 2.7 K 黑體輻射型式，並發現一定的非等向性，榮獲 2006 年的諾貝爾物理獎。測量微波背景輻射，確認了我們的宇宙從大爆炸產生、膨脹、降溫，已經存在了約一百三十八億年之久。

宇宙很古遠，約一百多億年，還好比地球更古老，否則就有麻煩了。地球是宇宙的一部分，但總不能宇宙比地球還「年輕」吧？

在太陽系內，特別是地球，我們多半使用物理學發展出的「同位素定年法」測量星球的歲數。同位素定年告訴我們

地球約四十五億歲，有足夠時間進行演化。有些宗教可能推想到很古遠的時間，但大多沒有測量的根據。歷史上有誰曾知道地球如此古老？人類文明才一萬年，有歷史文化記載的時間則更短。號稱五千年的中華文化，夏朝的器物和記載卻不那麼確定，自商朝以來確立的則僅三千多年。因此以人類對自我的認知，五十、一百億的年代認知是超乎想像的。

---

**同位素定年法**

標記為（A，Z）的核種 (nuclide)，其原子核有 Z 個質子、A–Z 個中子。質子數（原子序）Z 決定元素的化性，同 Z 但不同 A 的核種稱為「同位素」。多半元素以一、兩種最穩定的方式存在（因而 A 不是整數），其他的同位素則較不穩定，會經輻射衰變成其他核種。某一個特定同位素有特定的半衰期，若有 N 顆某核種，經過一個半衰期的時間，該原子核數目就減半成 N/2，這個半衰期對該核種是固定的。

有了這個定律，要測量一個樣品、化石的年代，可以用譬如鈾定年法測量剩下多少鈾 238，以及伴隨衰變產品比率。鈾 238 的半衰期大約四十五億年，可檢測地質、隕石、月亮等的年代。碳十四定年法則利用其約五千七百年的半衰期，對近代考古人類學十分有用。

## ⊙ 生物很早便現身地球

在澳洲最西端的世界遺產鯊魚灣（Shark Bay）有一種看似石頭，卻是共生單細胞藍綠藻活生生「長」出來的層狀石（Stromatolites），又名「疊層」。這是一個「活化石」。這些理應絕跡的藍綠藻躲在鹽分高的地區才得以繼續存活於現代。參考前寒武紀的疊層化石照片，我們可以清楚看見許多層狀結構。類似疊層的生命可以一直回推至三十五億年前。那麼，藍綠藻之前呢？

西澳洲鯊魚灣的疊層。

前寒武紀疊層化石。

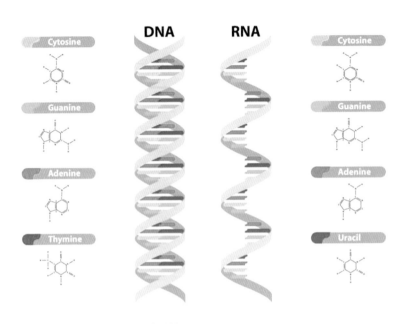

RNA 與 DNA 都是核苷酸螺旋結構。

顯然還有比藍綠藻更古老而原始的生命。這說明地球年齡久遠，至少超過四十億年。

地球至今已存在四十五億年。古生物學與化學研究指出：似乎地球誕生沒多久，生命就已出現。最初的地球是一鍋滾燙的「分子湯」。有人認為火山噴發的氣體、閃電，加上大雷雨，引發了分子反應，開啟了從無機物到有機物、由有機物發展出生命前身的循環；也有人認為最初的生命來自外太空，是由隕石撞擊帶進來的，因為「星際空間」已存有各種有機分子，並非地球獨有。我們並不真正知道初始生命如何誕生，只知道生命相當早以前就現身地球了。在地球最初的高熱熔融時期可能不利生物生存，但在地殼冷卻形成後，也許不出幾億年，生命就出現了。

所以，What is Life ？怎樣才叫做生命、怎樣才算是「活」？生命是如何起首，又如何傳承、如何演化？生命初始有三要件：**要可自我複製（self-replicate）、要能產生變異（variation）、變異要可遺傳（heritable）**。

1960 年代有人提出解釋生命開端的「RNA 世界」假說。RNA 與 DNA 一樣是由核苷酸組成的鏈型大分子，在特定條件下它可催化反應，包括複製其他 RNA 的一部分。在細胞裡，它可從 DNA 拷貝一段訊息，提供製造蛋白質的

模版。RNA 的複製功能，如果與其他分子共構而能自我複製，就開始滿足生命的初始條件。若能再披上保護的外膜，則這樣的「初細胞」即可開始演化。這就是「RNA 世界假說」。

你可能還會有點疑惑：RNA 分子這麼複雜，是誰產生它的呢？我們當然並不確定是什麼樣的化學組合啟動了最初的自我複製，最初的地球，我們現在也無法親身回溯了。即使有一天某實驗室直接製造出「活」細胞，我們也無法確定這就是大自然幾十億年前走的路。然而，背後的原理及可能的機制都是科學問題，是可以探討的。而新理論、新儀器的發展，不斷的新發現也將導引我們探究生命如何起頭。

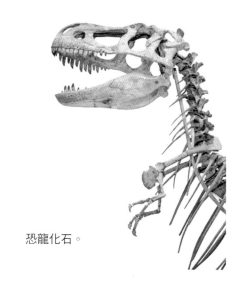

恐龍化石。

## ⊙ 化石演化軌跡

我們已經在上一章討論過化石紀錄：十九世紀的博物家發現化石在沉積岩的層與層間有所改變。沉積岩乃是水、風，或是冰在搬運物質的過程中沉澱、遺留顆粒所形成的岩層，慢慢反映出長時間的累積。所以越下層的化石就越古老，不過歷經地殼翻轉，次序是可以改變的。淺層的化石與我們周遭現存環境的生物較為相關，可是越古老的沉積岩，生物樣貌就越顯不同，恐龍化石就是很好的例子。

探究自然史、也就是今日所稱生物學的博物家，在十九世紀是很活躍的，也是許多人的人生目標。比如博學多才的亞力山大‧馮‧洪寶德（Alexander von Humboldt, 1769-1859）就是其中的代表人物。達爾文深受洪寶德激勵，稱頌他為「有史以來最偉大的科學旅行家」。而達爾文的祖父伊拉斯莫斯‧達爾文（Erasmus Darwin）也是一位博物家，早在十九世紀初就已推斷生物會隨時間演變，並非恆定不變。而查爾斯‧達爾文在 1859 年真正的創舉乃是更具體指出「改變的推動力是天擇」。他慣用的標語乃是「帶著改變的繼承」（descent with modification）。達爾文在 1830 年代正是以隨船博物家的名義參與小獵犬號的五年探勘，累積許多經驗知識，逐步形成生物演化的構想。他認為這個題目工程浩繁，小心翼翼經過二十年不斷

蒐集樣本與資料、思索問題並探討弱點，不願草率發表。直到華理士（Alfred Russel Wallace）來信表明類似的想法，達爾文擔心創見被捷足先登，這才有些倉促地於 1859 年發表《物種源始》這本巨著。

多年來，眾多博物家與日後的古生物學家在世界各地蒐集不同生物的化石，透過年代考據，補充達爾文當時還不知道的中間形體。古老又微小的單細胞生物化石當然難以獲得，不過先前介紹的「疊層」就是多個單細胞的共構體；雖然軟體動物自身無法形成化石，但我們也能找到十億年前蠕蟲生物的運動軌跡

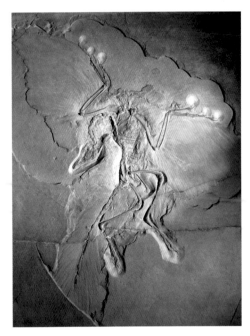

始祖鳥化石。

化石，進一步確定多細胞軟體生物在該時期已經完整形成。約五、六億年前的前寒武紀末期則是一次生物勃發階段，出現許多從單細胞到硬體多細胞生物的中間形式，逐漸往多細胞複雜生命體發展。

在上一章，我們也已介紹了標誌由魚類走向四足類的過渡物種提克塔里克，在牠之後沒多久，早期四足類在三億三千萬年前就演化出有不同生蛋方式、逐步深入乾燥內陸的大型兩棲類與爬蟲類。約二億三千萬年前，恐龍自爬蟲類衍生，稱霸地面超過一億五千萬年。然而恐龍在六千五百萬年前突然滅絕，這場大滅絕的成因至今仍眾說紛紜。較為盛行的說法是大隕石撞擊地球，造成類似核子冬天的效應，使得大量無法適應寒冬的生物滅絕。體型小得多的鳥類與爬蟲類，就是恐龍演化而來的餘續。有名的始祖

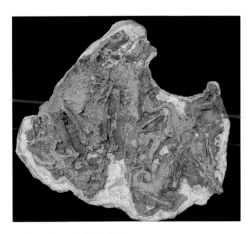

在中國發現的似鳥化石。

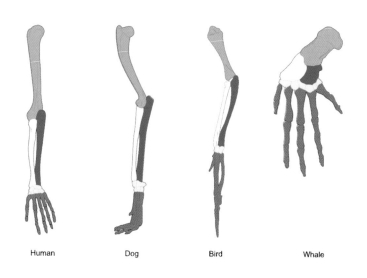

| Human | Dog | Bird | Whale |

由左而右分別為人、狗、鳥、鯨魚的手臂骨骼構造。

鳥（Archaeopteryx）化石約有一億五千多萬年，牠有著恐龍的骨架，卻有羽毛、有翅膀，和尾羽（見第 54 頁）。這是從恐龍的骨架上特化出能飛翔的恐龍，還不算是真正的鳥類。在過去五、六十年中國情勢穩定之後，考古學於中國蓬勃發展，考古團隊在 2006 年於中國發現一億多年前、更像鳥類的化石，尾巴較小、翅上仍有殘爪。

當然，化石補遺是說不完的。

## ⊙ 構造、行為與血緣

就古生物學、演化論而言，化石紀錄無疑是最明顯的軌跡，我們可以觀察化石彼此結構的關聯。而活體生物，則可觀察他們彼此行為的關聯，也可從 DNA 紀錄觀察血緣親疏。讓我們從這些基礎概念繼續介紹同源結構（Homology）與同功結構（Analogy）。

試想雞翅膀的骨頭架構，其實和人類的手臂滿相似的。當你拉著骨頭兩端吃雞翅膀的時候，可以注意到雞翅和我們的手臂有一樣的關節，翅膀的最前端則有一點像、卻又不完全相似的手掌。

再看人的骨頭，上圖手肘下面紅色的區塊名為「尺骨」（Ulna），「尺」就是根據它的長度定的。而尺骨上面相併聯的一根叫做「橈骨」（Radius）。可以看看自己的指頭，除了拇指稍有不同之外，餘下四指都是三個骨節與手掌相連。我們可能直觀地覺得手掌是渾然一體，但摸摸就可以知道，手掌其實是由

手指延伸連結到我們複雜的腕骨結構。是這樣精細的骨骼連結，讓我們得以做出各種複雜而精細的動作。

若將人的骨骼與狗的四肢對照，可以看出既有相似結構，也有相異的特化。狗也有腕骨，掌骨則在前端開始往前彎，和我們指頭類似的骨頭則為了要能貼緊地面而改為水平翻轉。至於圖中最右的鯨魚骨，一樣有五根指頭（見第55頁），不過因身體巨大而發展出粗壯的骨骼，得以在水中划行時產生巨大的推力。

人、狗、鯨、鳥相似的手臂骨骼，就是所謂的「同源結構」：可以清楚觀察彼此結構的相互關聯。人類複雜的手能夠製造工具與書寫；狗的四肢可在地上奔跑，鯨魚的鰭則能夠大力划水，鳥可以飛，用途不同，但在前肢及其他結構上是很類似的。在前一章，我們也曾以提克塔里克強調初步手腕的發展。和手腕相連的骨頭就是尺骨，可以一直回溯到早期肉鰭魚類的鰭狀構造。提克塔里克已經有初步的尺骨，表示了我們同出一源，日後各自因應不同的環境與生活方式，展現了各式各樣的特化。

除了上臂或是前肢，我們還可以繼續比較胚胎的發展、器官的功能，乃至於行為。這些相關研究都支持演化生物學：同源結構經由演化的特化而發展出不同功能，看似不同，卻有共同的基礎。

「同功結構」（Analogy）則是和同源結構相對的概念，如果後者可稱作「趨異演化」（Divergence），「同功結構」便可視為「趨同演化」（Convergence）。

鯊魚有腮裂，在水中適應良好，但牠是一種古老的魚類，必須時刻游動才能獲得足夠的氧氣供應。鯊魚與海豚長相相似：有相似的鰭、相類的流線體態。不過海豚卻是有肺與鼻孔的哺乳類；海豚是胎生，鯊魚則從卵生到胎生的都有，

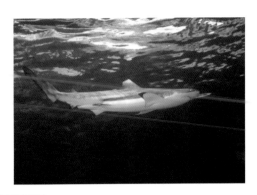

海豚與鯊魚外型相似，但牠們之間的血緣關係其實很有限。

但以卵胎生為多。牠們長相相類，因為兩者都是迅捷靈敏的獵食者，為了適應生存環境而發展出相似功能的構造，這就是同功結構。許多生物長得很像，是為了適應類似的環境、棲息方式與資源使用方式，但彼此血緣實則疏遠。

海豚與我們相近得多，鯊魚則非常遠[注1]。海豚類大約是五千萬年前特化出來，在海裡討生活，我們之前提到海龜殘留了在陸上生活的爬蟲類痕跡，必須回到陸上生蛋，這是因為海龜不能將蛋生在水裡孵化的緣故。但是海豚卻能直接將後代生在水裡，這是因為小海豚在母體裡已發育完全，一出母胎就能自己呼吸空氣。兩者的生育形態是很有趣的對比。

透過演化生物學，我們了解乍看之下平凡無奇的雞翅膀，其實與人類的手、鯨魚的鰭不僅構造類似，還同出一源。但看似相類的生物，在演化樹的譜系卻可能大相逕庭。我們需從多種角度綜合分析構造與行為的相似性，判斷這是出自同源，抑或不同譜系順應環境的結果。

## ⊙ 地理分布及其影響

地球上的物種數以百萬計，各自適應不同的生態環境，尋求棲身之所、安頓之處（niche）。為了在特定的環境討生活，因而有各式各樣的特化。有些生物可以適應廣泛的環境，如人、狗、鼠；有些生物則相當特殊，比如一種蟲囊菌科的 Laboulbeniaceae 蕈僅僅生長於法國南部某些石灰岩洞穴的甲蟲 Aphaenops cronei 的鞘翅後端。這種蕈類非常挑剔，不但非那些洞穴不住，沒有這種甲蟲也不行。另一個例子（見下圖）是 Drosophila carcinophila 果蠅的幼蛆，只生長於加勒比海某些島嶼的陸生蟹 Gecarcinus ruricola 第三顎足蓋下特殊的溝中，其屬名的字根 carci，就是螃蟹的

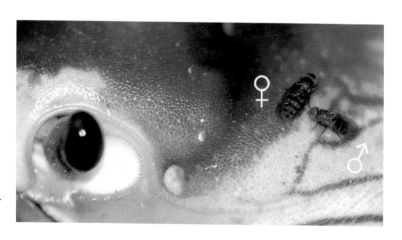

住在陸生蟹上的 D. endobranchia 果蠅。

意思。這些果蠅通常懶洋洋不怎麼愛動，以螃蟹為家，也以螃蟹身上的物屑為食。牠們既不需採集，宿主還會躲避或趕走攻擊者，乾脆在螃蟹身上寄居、繁衍，兩全其美。

世界各地有不同的生物與生物史，但在這些地理分布的背後，竟有一個意想不到的驅動力 —— 板塊漂移（Plate Tectonics）。板塊漂移是非常機緣性的，卻是生物多樣性很大的驅動來源。若沒有板塊漂移和其背後的地熱動力，即使演化仍可運作，卻無法產生如此豐富的生物多樣性。我們舉一個有名的例子。

## 夏威夷果蠅

夏威夷群島除了 Drosophila 屬果蠅，還有 Scaptomyza 屬果蠅等近五百個物種。全球果蠅只有兩千多個物種，夏威夷群島面積還不到台灣的一半，卻演化出全球四分之一的果蠅物種，果蠅的多樣性無與倫比。何以如此？夏威夷果蠅的多樣性給了我們關於演化、地理環境和背後的地質驅動很大的啟示。

夏威夷群島是火山島群，但不是爆發性的火山，乃是熔岩湧出而成。至今夏威夷大島的東南角仍會不時湧出熔岩，這些熔岩流入海裡冷卻凝固，使得大島面積仍持續增長。檀香山及珍珠港所在的歐胡島（Oahu）是夏威夷最為人所知的島，但其實整座群島是由東向西面積

夏威夷群島有 Drosophila 及 Scaptomyza 屬近 500 種果蠅，佔全球 1/4 ！

漸漸縮小的長列島嶼。如此向西北西延伸，到中途島（Midway Islands）轉角向北蜿蜒的長列島群，應是板塊碰撞的傑作。

地表越往下越熱，到一定的深度就呈熔融狀態，地球中央則是炙熱的鐵核。夏威夷大島靠東南邊地底下有個地熱的熱點，好比煮開水時特別會冒泡的地方。夏威夷島就位於這樣的熱點上。這個穩定、非爆發性的熱源就在太平洋板塊的中央，而這個板塊向西北西緩緩漂移，島列東南邊就因熔岩從地下湧出而不斷生成島嶼。夏威夷大島有高 4,200 公尺的毛納基亞山（Mauna Kea）及稍矮但佔地更廣的毛納羅亞山（Mauna Loa）這兩座大火山。第二大島茂伊（Maui）東邊則有高達 3,000 公尺的哈里亞卡拉山（Haleakala）。夏威夷諸島往西隨著島嶼被風蝕與火山崩塌而變小，山也變

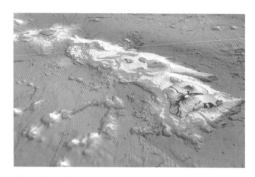

夏威夷群島分布與地形圖。

夏威夷島鏈的形成是太平洋板塊漂移於地熱的熱點之上而產生的。島上有許多火山仍持續湧出熔岩。

矮。夏威夷大島只有台灣四分之一的面積，可是山卻比台灣還要高，而它又是從太平洋海底拔起，所以這兩座火山從根基算其實超過 9,000 公尺，比喜馬拉雅山還高。

　　人類一千多年前才到達夏威夷島群，但這些島嶼早在現代智人尚未出現時就已存在了，從四、五百萬年到大島的七十萬年前，越往東的島越年輕。果蠅正是從靠西邊較古老的島嶼一路往東布殖，尚未受人類影響的其他原生生物也是這樣由先行存在的鄰近島嶼隔海、凌空傳布後裔。各種證據，特別是 DNA 證據，都顯示這些夏威夷果蠅皆源自數百萬年前到達群島的單一祖先物種。

　　夏威夷諸島逐一生成時，可能有某群果蠅到達從海裡初生的小島。這群「拓荒蠅」所抵達的環境利於快速蔓延式的物種形成。果蠅體積小，從出生、成長到產卵，相對時間也短促，而最初的小島受地熱、板塊影響漸漸堆高長大，形成高山海島，提供各種海拔、雨量、土壤與植被的棲地[注2]，生態環境不斷改變。這些環境既無競爭者，也少有掠食者，果蠅因有食物卻無天敵而蓬勃發展，又因置身新棲地與原物種隔離，得以產生新物種。每一物種又不斷成為進據新棲地物種的祖先，比如又有一小群（甚至有時只是單一孕母）或飛或吹抵達他島，使得物種拓殖的過程又再次重新循環；而在初始生成島嶼，也同樣得重新經歷類似階段。這使得夏威夷群島得以不斷周而復始誕育新物種，成了最佳的果蠅物種培養皿。

### 美洲生物大遷徙與板塊漂移

　　我們再來看看另一則地理環境推動演化的實例：美國德州的犰狳（Armadillo）被稱為「小型州哺乳動物」（Small State

犰狳

負鼠

豪豬

Mammal）。當然，不會有人認為德州是「小型州」，這是代表犰狳在德州很常見，但其實牠並非德州的原生物種，而是原生於南美洲，到達德州區域是近一、兩百萬年的事。

太平洋板塊和加勒比海板塊在幾百萬年到千萬年前的擠壓，出現巴拿馬地峽，使得分離一、兩億年之久的北美洲和南美洲大陸有了一道狹窄的連結。原本獨立演化的南、北美洲於焉出現了「美洲生物大遷徙」（Great American Interchange）：原本在北美洲的浣熊、鹿、山獅、熊、狗等動物進入南美，而犰狳、豪豬、負鼠等則向北移動。這裡所說的豪豬非豬、負鼠非鼠：豪豬不是舊大陸的刺蝟，而是類似老鼠的嚙齒目動物；負鼠則不是鼠類，而屬於有袋類。並非所有生物都能通過地峽順利遷移，但這些生物都是美洲生物大遷徙拓殖成功的實例。

板塊漂移不僅對演化產生很大的衝擊，對我們的生活也有直接的影響。我們介紹了太平洋板塊向西北西漂移，而北海道和日本的東北地區屬於北美板塊，並非直觀會以為的歐亞板塊，所以是太平洋板塊和北美板塊的推擠，導致 2011 年的 311 大地震與大海嘯。該年在紐西蘭南島發生兩次大地震，也可說是太平洋板塊擠壓澳洲板塊的結果（見圖）。紐西蘭南島大地震至今還沒有復原，日本的東北大地震也是一樣，另外還造成福島核災，對日本的政治與經濟衝擊極大。

台灣很獨特，是菲律賓板塊的西邊尖

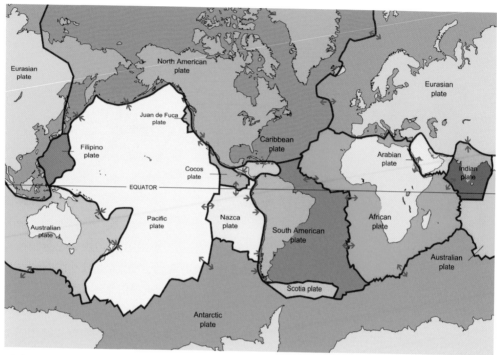

地球的板塊漂移。

端推擠歐亞板塊之處，導致我們的山又大又多。1999 年的 921 大地震之前的將近五年，正是 1995 年日本阪神大地震。板塊在北方的擠壓牽動南方也發生擠壓，這是很自然的。我們本來都是在地震多的地區，而板塊之間互相牽動。2011 年日本 311 地震之後，台灣又在 2016 年二月發生美濃 - 台南大地震，這個近五年的間隔，是否真有其事？

讓我們回到演化。兩億年前盤古大陸（Pangaea）是連成一塊的——這其實不難想像，如果煮一鍋東西，上面漂浮的油塊很容易黏聚成團，但稍加煮沸，又會分散開來。原本的盤古大陸在三億年前聚合，近二億年前又分裂。但，我們是如何發現這一點？非洲與南美洲彼此契合的海岸線，與大西洋由南到北的中洋脊大裂痕，提供了一些端倪。板塊漂移對生物的影響甚巨，舉凡生物繁衍、族群變化、物種產生與滅絕都有影響。所以盤古大陸的分裂對演化有多大的影響，可想而知！又譬如次大陸印度板塊自東南非脫離、卸下馬達加斯加後，最後強力撞進歐亞板塊，擠出了喜馬拉雅

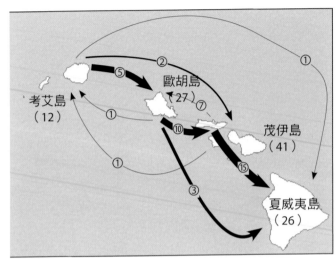

夏威夷大島 26 種畫翅果蠅源共 19 次分別的拓殖。

畫翅果蠅

山以及青藏高原，足以影響全球氣候。這是過去兩億年全球性變化的一部分，既影響全球也影響局部地域。像這樣的事，人類原來渾然不覺呢。

### 畫翅果蠅與多簇染色體

達爾文及十九世紀生物學家對生命的分子基礎十分無知，但分子生物學印證了化石紀錄、地理分布，並提供物種演化關係及演化如何進行的新資訊。二十世紀以來，分子生物學是一個新的最大資訊來源，讓我們能夠了解演化如何進行。在正式進入分子生物學的下一大單元前，讓我們用多簇染色體反轉與夏威夷畫翅果蠅（Picture-winged Drosophilids）顯微鏡下可見的超大分子案例，討論分子生物學如何與地理分布的探究相輔相成。

畫翅果蠅的幼蟲唾腺細胞裡可以看到特殊的「多簇」（Polytene）染色體（拉丁文的 poly·tene 代表多量的簇狀物）。有性生殖的物種有成對染色體，透過染色可在顯微鏡下突顯出來，這是因雙螺旋 DNA 大分子交互纏繞，周圍還有其他東西纏著。而 Polytene 染色體因為多簇纏繞使其在分子世界中非常巨大，在顯微鏡下很容易辨認，而不必牽扯到分子生物學。熟練的人從圖片可以看出其中哪一段是複製、剪接進去，甚至還是倒轉過來的。這個染色體沒有發揮什麼大功用，是無害生存的突變，它被重複複製多次，在果蠅裡代代繁衍保留，形成一個族群標記。

這段染色體反轉意味著什麼？夏威夷大島在七十萬年前出現，現有二十六種畫翅果蠅。藉著多籠染色體的研究，我們發現這二十六種果蠅是經過十九次分別的拓殖：一種從最遠端的考艾島直接飄來，三種來自知名的歐胡島，而另外十五種則是從最靠近的茂伊島群而來，而這些島彼此間也還有多次的物種交換。這個多重複製、反轉的染色體並沒有什麼顯著的功能，既無益、也無害於生存，但卻標記著物種的改變。藉著研究染色體反轉，人們得以抽絲剝繭推論夏威夷大島的二十六種果蠅，如何一步步從先前的諸島拓殖而來。

## ⊙ 生物譜系與分子生物學

我們已提過達爾文的演化樹，也認知到地球所有生命出自同源。有了這些瞭解，我們即可逆推演化樹，建立宛如族譜的生物譜系。現代智人二十萬年前都源於同一祖宗。如果我們已經知道所有物種最初都是同源，則任取兩個物種，將其譜系在時間上往回推，終將交錯，也就能找到最近的共同祖先。

最接近我們的物種是黑猩猩（Chimpanzee）。根據 DNA 的變化率推斷，人類和黑猩猩倒推回去的共同起源物種大約出現於六、七百萬年前。再往前推，人類和黑猩猩又與大猩猩（Gorilla）同源，再往前是生長在印尼群島森林裡

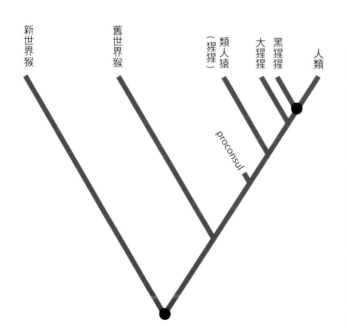

新世界猴　舊世界猴　類人猿（猩猩）　大猩猩　黑猩猩　人類

proconsul

黑猩猩母子。

的類人猿（Orangutan）。而猿類的共同祖先應不早於兩千萬年前，因為這位祖宗在稍早與 Proconsul 猿有同源祖先，只是 Proconsul 猿約於兩千三百萬年前就滅絕了。繼續往前追溯，則會發現人類這一支系和舊世界猴、新世界猴有共同祖先。舊世界指的是歐、亞、非洲，新世界則是美洲。所有猿猴類的共同祖先大概存活於四千萬年前。

歷史上對演化論的不滿與挑戰，有一大部分源自無法接受「人怎麼可能是從猴子變來的」，但這種說法其實犯了一個語病：達爾文從沒有直言人是從猴子變來的，而是提出共同祖先的概念。我們推知人與猴子在四千萬年前同源同宗，可是那個祖先物種現今已經不存在了。然而若是血緣相近，身體特徵和行為也會比較肖似，就像同一家族長相會相似，說話方式、肢體動作也有諸多雷同之處。你可能不太高興，不過這是人類累積的知識。同理，提克塔里克這種「魚足類」也應當是我們祖先的親戚，但並不是我們的直接祖先，而牠可能也沒有後代存續至今。事實上，我們多半找不到共同祖先的化石，找到了也很難認定。

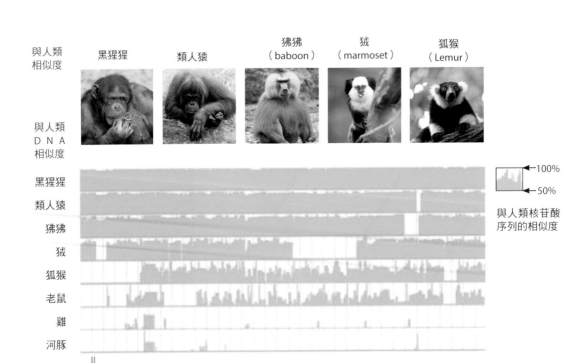

## 分子生物學

分子生物學闡明基因變異如何產生新特徵，可研究 DNA 的變異紀錄。前面提及的多縷染色體是一般顯微鏡下可見的巨分子，真正的分子生物學則是研究更微觀的分子結構。共同祖先如果時間上越接近的話，DNA 的序列（sequence）越接近。例如人類和黑猩猩的 DNA 非常接近，比對結果幾乎如出一轍。

左頁圖裡「狨」（marmoset）是新世界猴，而狐猴（lemur）則生存於馬達加斯加，曾出現在同名卡通裡。馬達加斯加原本和印度一樣緊靠非洲大陸，可是盤古大陸裂開時，印度次大陸分離向北漂，馬達加斯加則再次分裂而出，獨留於東南非外海，上億年來都是獨立發展的封閉世界。狨與狐猴光從長相、肢體動作等等就可看出與人類的相似性越來越少。

這張圖還顯示了 DNA 相似度，可以看出狨與狐猴的 DNA 與人類並不相似，而黑猩猩與人的 DNA 相似度極高，幾乎只有少許差異缺口。從狒狒開始缺口增大，代表差異變多，到了最下面的河豚，DNA 圖表的確和人南轅北轍了。不過如果我們仔細看右邊的圖示說明，便知道即使是身為魚類的河豚，和人類還是有超過百分之五十的 DNA 相似度。

我們說所有地球生命都同源，所以人類的基因與細菌也有類似之處，於細

| C | Cytosine |
| | 胞嘧啶 |
| G | Guanine |
| | 鳥糞腺嘌呤 |
| T | Thymine |
| | 胸腺嘧啶 |
| A | Adenine |
| | 腺嘌呤 |

DNA 的四個核苷酸字母，C 連 G、T 連 A，使雙螺旋相連起來。

胞層次、分子生物的功能是一致的。因為同源，所以享有相同的基本生物學機制，這是生物醫學研究的基礎。英文共有二十六個字母，數位語言則只用 0 與 1 兩碼。一個物種的基因體（Genome）為其 DNA 序列的總合，這部「書」由 CGTA 四個字母寫成。我們可以只用 0 與 1 編碼，但生物用 CGTA 四種核苷酸寫出我們的 DNA，作為製作生物體的指令。整個人類的物種和你的個體分別都是一部書，每部個體的書各有細微差異，產生的個體形成族群，承載了物種的 DNA，因應環境的變化而演化。

我們舉一個局部的例子。這裡有三本很相似的大書：記錄人類、黑猩猩、大猩猩的物種祕密。人類和黑猩猩、大猩猩於約一千萬年前同源，如果比對管理脂肪代謝的肥胖賀爾蒙（leptin）DNA，可以發現在兩百五十個核苷酸序列中，人類和黑猩猩只有五個不同。若要推論三個物種的共同祖先，則可參考大猩猩對應的核苷酸。三者共同祖先所擁有的

| A G C A C |
| A A C G T |
| G G T A C |

大猩猩更接近共同祖先，但哪個是人的？

核苷酸序列，應是 DNA 變異較少者。因此推斷大猩猩，即上圖 AGCAC 的肥胖賀爾蒙 DNA 最接近共同祖先，人類有兩個與大猩猩相同，黑猩猩則有三個，比人類更接近。我們以這個簡單例子做示範，將這個概念拓展，從血緣關係，看 DNA 變化如何影響功能。

## 控管蛋白質與 HOX 基因

在生物從受精卵開始發展胚胎時，調節或控管蛋白質（regulatory proteins）就是控制細胞內不同基因的開關。這些蛋白質連結在某些 DNA 的部位，甚至於較小的 RNA 分子。調節蛋白質從多細胞動物出現的早期就已出現並訂定下來，是十分重要的個體發展與生物演化的管控機制，其運作通常十分穩定，但只需些微改變就可導致生理、形狀等十分戲劇性的功能變化。早期四足動物演變出四肢的變化就是調節蛋白質層次的「創新」。

### 早期四足動物肢體的演化

控制身體部位發展與成形的 DNA，最重要的區塊便是 Hox（同源異形）基因。
· 所有的哺乳類共有 39 個 Hox 基因。
· 單獨 Hox 基因控制其他基因的運作。
· 同一個 Hox 基因可控制身體不同部位的不同基因組。

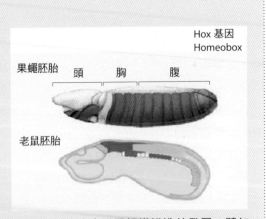

Hox 基因參與廣泛物種（包括無脊椎或脊椎動物）的許多不同組織構造的發展，譬如肢體、脊椎、消化道、生殖道等。如圖，控制果蠅胚胎體位發展的 Hox 基因，與控制老鼠及其他哺乳類胚胎體位發展的 Hox 基因是一樣的。
〔顏色代表相同 Hox 基因的活動範圍〕
Hox 基因也指揮鰭與四肢形成；因「表現」（expression）的不同而形成手指或腳趾。
早期四足動物如 Tiktaalik 的演化，在於這些基因「表現」方式的改變。

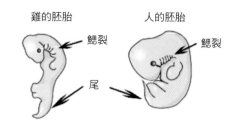

雞的胚胎　　　人的胚胎

鰓裂　　　　　　　　鰓裂

尾

人與雞的胚胎比較。

這裡強調的「HOX基因」，是Homeobox 的化簡，基本上就是決定生長的順序、形體的安排等等，對我們來說就是動物的身體結構。HOX 基因有幾十種，可是起源非常類似，例如果蠅和老鼠的胚胎，看起來差異頗大，但追究各自的 HOX 基因，圖中顏色相同的互相對應，脊椎動物的老鼠，和昆蟲類的果蠅，身體結構發展控管的根源是類似的。

我們前面說肉鰭魚能夠發展出四肢，乃是將鰭裡面已有的結構做些微改變。但如果增加資源使用、減少天敵的傷害，這個變化就會經過天擇保留下來。基因是個編碼，指示如何展現成形體，就叫做表現（Expression）。手指腳趾就是類似基因編碼的不同表現，所以四足動物的發展，基本上是同一個基因表現方式的諸多變化。

這些形體與胚胎發展順序背後的概念，是經過許多不斷了解、檢證所得出的結果。在人類認知拓展的過程中，曾經煞有其事地出現所謂「胚胎個體發展重演種系的發生」（Ontogeny repeats Phylogeny）的流行想法。它指的是從一顆受精卵長大到嬰兒、幼蟲或幼體的形體，會好像經歷該生物的各個演化階段。拿一個雞的胚胎和人的胚胎比較，可以看到即使人類胚胎早期也有類似鰓裂、也會出現尾巴，但人出生時就只剩一個尾椎。十九世紀的確有人倡議，認為個體發育會重演整個演化過程，因為一切都記錄著。不過現在認為這樣的說法過度簡化，雖不是全無意義，但並不是完全真確。

讓我們再回頭看 HOX 基因。哺乳類有共同的三十九個 HOX 基因，前面討論的同源結構，人類的手臂、狗或馬的腿，骨頭類似，所以所有哺乳類都是同源的，而這三十九個 HOX 基因組在更早的同源生物就有了。HOX 基因並不是一個口令一個動作的「線性」運作，而是單獨的 HOX 基因可以控制其他基因的運作，而同一個 HOX 基因又可控制身體不同部位的不同基因組，所以運作相當複雜。

說到這裡附帶一提，我們圖示說明的果蠅和老鼠恐怕是最常見的藥物測試實驗動物。究竟這是為什麼？值得你好好想一想。基本上，連果蠅都與人在生物學上相通，老鼠就更接近了，而兩者都是繁衍快速的小型動物。

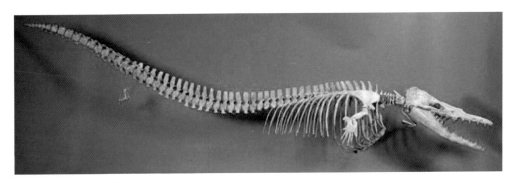

矛齒鯨 Dorudon 的化石。

## 鯨豚類演化的例子

讓我們看看控管蛋白質在鯨魚和海豚演化扮演的角色。雖然鯨魚名字裡用了兩次的「魚」字，但牠並不是魚。鯨魚浮上水面噴氣呼吸而尾巴是上下擺動，光是後面這一點就不像魚。你有沒有想過：鯨魚尾巴揚起來、拍下去就能下潛，但為什麼牠的尾巴不像魚尾能橫向擺動呢？多半的魚，體型垂直呈流線型，身體左右擺動。這提醒我們：或許鯨魚的前身是四足動物、在陸上走路，所以脊椎是上下動的。因演化的驅動下入海以後，鯨魚游泳的方式就像人類裝上尾鰭游泳扭動一樣，但是和一般的魚就不相似了。

達爾文提出演化論的時代所缺的就是分子生物學。將化石紀錄與分子生物學結合，現代生物學家可以多管齊下探究演化史的詳細內容。我們很難想像鯨豚跟偶蹄類（artiodactyl）淵源密切，一般講到偶蹄類，我們想到的多半是羊、牛、鹿等陸生草食動物，但很多鯨魚是肉食動物。不過這也要看生物所適應的環境，像豬就是雜食性的偶蹄類。

所以，從偶蹄類分化出來，至今早已完全適應海中生活的鯨豚類，究竟如何演化的呢？自亞洲出土的化石（例如 Indohyus 及 Pakicetus，名字留存印度與巴基斯坦的痕跡）記錄著一系列物種，大約自五千萬年前起從陸生轉移至水生環境的經過。而我們當然是藉基因研究了解鯨魚與海豚類是一群陸生偶蹄類的後裔。在埃及出土約四千萬年前的 Dorudon（矛齒鯨）化石，則記錄了現

Indohyus 想像圖。

代鯨魚演化的關鍵變化。牠生活在水中且以尾巴游泳，但仍然保有演化自陸生哺乳類後腿、足、趾的退化痕跡。而人們對現代鯨豚 DNA 控管基因組合的研究，有力地找出鯨豚祖先如何從四足動物漸漸演化適應水生，失去後腿、發展出流線體型等分子層次的關鍵變化。這些證據相互支持參照，提供了對演化深入而迷人的透視。好一個提克塔里克的對反。

蠅類、老鼠、人類的共同祖先雖與當代有數百萬年的時間區隔，可是三者的控管蛋白質卻非常類似，簡直像出自同一齣劇本。正如中文寫作的起承轉合共同架構，剩下來的就是怎麼把文章寫得漂亮，也就是長出不同形體、適應出不同功能。大約於寒武紀時期，多細胞生物演化出來，某種生物開始產生複雜形體之時，類似的控管蛋白質和 DNA 組合的藍圖就已經存在，並且保存至今。看似少有變化，卻揮灑出許許多多的細節「表現」！

## ⊙ 人類演化史

達爾文在 1871 年出版了 *The Descent of Man* 這本書。看到 Descent 這個字，你想到什麼？Descent 有往下走的意思，乍看之下這個標題似乎在呼應聖經中亞當被趕出伊甸園，討論「人的墮落」。但平鋪直敘地說，英文裡這個「往下走」

的一般指涉會是「人從哪裡來」，我們的祖宗是什麼？人是怎麼演化來的？回想「Know Thyself」的告誡，我們必須知道自身從哪裡來，為何是現在這副模樣。

我們的先祖乃是從南方猿人一路走到當今的智人（Homo sapiens）。東非坦尚尼亞的 Laetoli，留著「三百五十萬年的空谷足音」，是知名考古人類學家李奇的夫人瑪麗・李奇（Mary Leakey）在 1978 年發現的：有兩、三個「人」曾在

Laetoli 腳印。

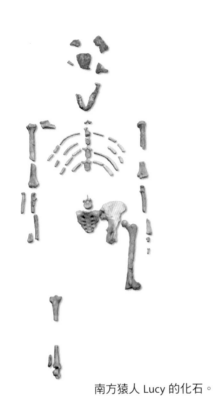

南方猿人 Lucy 的化石。

三百五十萬年前直立著走過這裡，留下這些腳印。它們不是四足動物的蹄印或爪痕，可能有新掉落的火山灰形成泥漿，牠／他們走過時踩出了腳印。有「人」這樣走過原來濕濕、半乾之地，不久又有新噴發的火山灰把足印覆蓋了，在原來的足印和新的火山灰之間有所區隔。

我們怎麼知道這是三百五十萬年前的足印呢？透過鉀－氬定年法（放射性鉀同位素 $^{40}K$ 半衰期十二億五千萬年）測定火山灰的年代。這些足印大概來自南方猿「人」（Australopithecus）。Austral

是南方的意思，pithecus 則是第一次將「人」這個字用於動物化石，牠屬於人科，但屬猿人。南方猿人約於四百萬至兩百萬年前活躍於東非坦尚尼亞、衣索匹亞一帶。原版南方猿人 Lucy [注3] 的化石就是在衣索匹亞出土的，Lucy 活於約三百二十萬年前，與 Laetoli 足印時間相近。就算 Lucy 自己不是我們的「祖奶奶」，她也是那個輩分的遠房古親了。

南方猿人和我們智人的骨骼結構滿類似，就是矮小一點，而與身體相比，腦容量也相對小些。左圖就是實際發現的 Lucy 化石骨骼，骨架的確像小一號的人。如果有更好的化石，就能檢驗身高體重，了解骨頭結構的相關動力，可以進一步考據足印是不是這類生物走出來的。這一方面令人興奮，另一方面也有許多未竟的任務。

我們介紹過 DNA 的變化率是可以測量的，從變化率看黑猩猩和人基因的差異，估算「人」這條支系大概於六、七百萬年前和黑猩猩分家，現存的矮黑猩猩（bonobo）比較接近黑猩猩，因此也有人稱我們所屬的支脈為「第三黑猩猩」。南方猿人在四百萬年前現蹤東非與南非，離共同祖先已有數百萬年的時間。之後不到兩百萬年，Homo 這個非猿人的人屬就出現了。*Homo habilis* 的種名意謂「巧手」，而 erectus 則意指直立，所以 *Homo erectus* 是「直立人」，

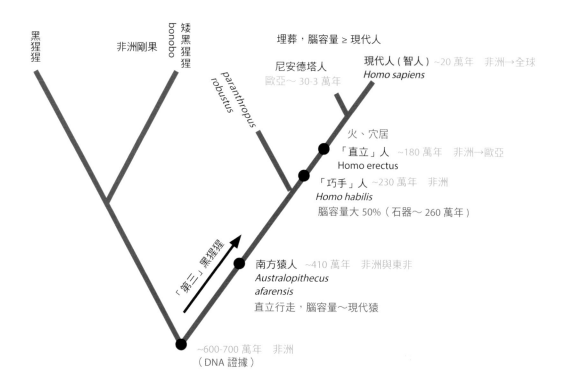

說明了人屬的演進。和猿人相比，直立人的腦容量增大。這可能和石器出現相關，石器出現使人藉由操作器物鍛鍊手的靈巧度，也激發了腦容量增長。若對照兩者活躍的年代，巧手人的出現，正伴隨著南方猿人的消失。

北京人和爪哇人都屬直立人，遠離了非洲，來到歐亞大陸落地生根，分布範圍很廣。直立人懂得用火、穴居，是我們比較熟悉的原始人，其中特別知名的是較晚期出現的「尼安德塔人」（Neanderthals）。他們懂得埋葬，代表有一定的生死觀與宗教儀式，腦容量甚至比我們智人還大，但是有沒有因此比智人聰明呢？似乎沒有。你可能覺得尼安德塔人很原始，但尼安德塔人與智人並沒有那麼不同，他們可能與智人互為亞種，可以互相交配。據查，歐洲、中東等地大約有百分之幾的少量基因是從三十萬年前分布於歐亞大陸、於三萬年前滅絕的尼安德塔人分化而來。我們現代智人則是約二十萬年前現身於非洲，最後不僅分布到歐亞，還散布全球，是唯一遍布全球的人種，不僅造成其他「人」種的消失，也連帶促成了環球生物大滅絕。

## ⊙ 生命之演化樹

地球所有生命都是同源的，來自於同一棵演化樹——生命樹。在這一章，我們討論了宇宙與地球年齡、生命在地球早早出現，經過化石紀錄、構造與行為、地理分布與板塊漂移，一路說到生物譜系與分子生物學，也追溯人類的演化史，希望你瞭解為何科學界信服演化論為真實的。那麼，讓我們在這章的結尾回顧並欣賞生命樹吧。

你可以看到從最左下的細菌域有一條「蔓藤」攀附過來，加入了真核域的發展，可能是原真核細胞吞噬了原粒線體，利用其更有效的能量產生機制而增強競爭力，彼此共生。粒線體是真核細胞內的

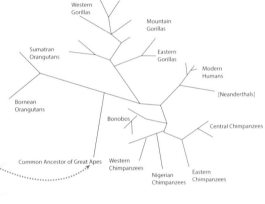

生命樹：在地球形成不久，生命出現，有細菌、古菌、真核單細胞生物，將演化發展出枝繁葉茂的豐富生命樹——但一切同源。

「胞器」（organelle），但卻擁有自己的 DNA。人類的粒線體 DNA 只來自母親，我們就是利用這個特性來追蹤我們祖奶奶「夏娃」的時空點在哪的。

發枝展葉的真核生物，往左上的一大枝是我們熟悉的開花植物。和粒線體進入真核細胞類似，開花植物又從細菌域納入類似藍綠藻（菌）的葉綠體，藉葉綠素將陽光進行光合作用。綠色植物以及同是真核生物的藻類遍布地面與海洋，

生命之演化樹分枝極多。約在四十億年前地球就開始有生命了，共計有真細菌域、古菌域、真核域（可能源自古菌的分支泉古菌）三大分支，而病毒尚難以歸類。至十億年前，阿米巴原蟲[注4]已是一種複雜的真核單細胞生物的代表。

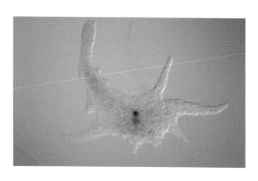

阿米巴原蟲是一種複雜的真核單細胞生物的代表。

改變了地球原本的大氣組成，雖然同樣以氮氣為最，但二氧化碳降低，氧氣增多。我們也可繼續向右看發展出一大枝幹的蕈菇類。我們吃飯時常把蕈菇類當成植物，可又依稀記得它們的營養價值不同於根莖類或綠色蔬菜。其實，蕈菇類在演化發展上更接近動物而不是植物，它們和植物的關聯小於與動物的關聯。

與蕈菇類分家，真核生物有一枝原本細細發展的原始多細胞蠕蟲類，日後卻爆發性地開枝散葉，其中最大宗的是包含海中蝦蟹的昆蟲類節足動物，歷經上陸發展、與開花植物結合後，成為生命樹最繁茂的頂蓋。而多細胞蠕蟲類又有另一分枝發展出魚類，繼而上陸演化為四足類動物。我們人類正是從這一枝幹衍生出的兩棲類、爬蟲類分枝，再從哺乳類分化出猿猴類，細分出猴類與猿類，最後聚焦於類人猿、大猩猩、黑猩猩和矮黑猩猩這一小樹枝的末梢，分出南方猿人，才終於有尼安德塔人與我們智人。

我們是最晚萌發的一片葉。

最近有本書叫《第六次大滅絕》（The Sixth Extinction），既然是第六次，表示之前有五次，恐龍大滅絕就屬於六千五百萬年前的第五次。但不同於前面五次的是，第六次滅絕是因為「人」的出現，人是演化樹很晚才長出的小小葉片，卻回過頭毒害了許多枝葉。不論人到哪裡，那裡就有大型動物迅速滅絕，例如長毛象、模里西斯島（Mauritius）的多多鳥等。而與人類同源而相近的其他人「種」也都消失了，只剩智人一種。除此之外，人類種種農業、工業、都市的發展還造成生態環境衝擊，物種持續不斷地滅絕。因為某物種遍布全球，從而造成其他物種的普遍滅絕，這是地球歷史少有的。

或許人正在挑戰達爾文的演化規則，譬如基改、人工智慧、生化人等。還是人正在自掘墳墓，製造自己的毀滅，上演地球（生命）復仇記？

---

注1：其實中國人也知道鯊魚和海豚不同，因為使用「豚」這個字，表示是和「豬」一般的，在中國文化裡面已經看到這一點了。

注2：大島東北多雨潮濕，西與西南邊因高山阻擋，相當的乾，和台灣類似。

注3：2014年的電影《露西（Lucy）》，藉「祖奶奶」Lucy之名，暗指新的人類要出現。

注4：很多生物的部分細胞都能呈阿米巴狀，能夠變形，因此阿米巴不是一個固定生物分類。

# *Part II* 生命

# Chapter 3

## 太陽系內生命

Whilst this planet has gone circling on according to the fixed law of gravity, from so simple a beginning endless forms most beautiful and most wonderful have been, and are being, evolved.

——Darwin, *Origin of Species*

當這顆行星循著恆常的重力定律周而復始運行時，從如此簡單的開始，最絢麗又無盡的璀璨形體 曾經、也正在演化出來。

——達爾文，《物種源始》

「太陽為什麼放光？」似乎是失戀情人的哀訴。但當我們切實體會了達爾文在《物種源始》結尾點出地球繞日運行時，璀璨多樣的生命在地球上演化而出，我們才終於體會到：演化是很慢、很慢的。所以，更深刻的問題乃是：「太陽為什麼放光這麼久！？」兩個答案都是生命之所繫。

## ⊙ 我們的太陽

**太陽為什麼放光？**
**為什麼放光這麼久？**

　　達爾文的後半生選擇住在泰晤士河（Thames）南邊，距離倫敦市中心有些距離的鄉野。如果由南方靠海的 Beachy Head 向泰晤士河口沖積扇畫一條線切去，可以發現由南往北的地形重複出現：South Downs 和 North Downs 是相同的地質結構，中間原本隆起處受到侵蝕裸露下方岩層，右圖以 Weald 標出的周邊較淡的綠色標誌這塊地形最外圍的南北兩邊，北邊的 North Downs 正是達爾文的家 Down House 的所在，現在是紀念達爾文的博物館。

　　達爾文於《物種源始》提到了這塊地區南邊的「肯特森林地」（Weald of Kent，或肯特野地）與南北對稱重複的地層。身為博物家的達爾文，地質學對他是基礎訓練。透過對沖刷、侵蝕率的

Weald 為什麼是森林地？英文的 Wild，較早的念法可能是 Weald。把 Weald 的 e 拿掉，成為 Wald，是德文的森林，例如 Schwarzwald 是黑森林。英語中有些字有德語的念法，Weald 就是個例子。而現代英文的 Forest 則來自法文和拉丁文。英國人常被稱為 Anglo-Saxon，是有原因的。英文裡面用了非常多的拉丁文，也有很多的法文在裡面，而德文裡面也有很多拉丁文。當你熟悉以後，會發現英語的結構基本上還是德語式的，但非常混雜、發音非常多樣。

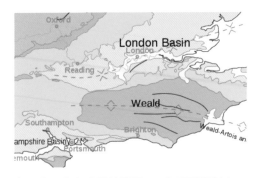

泰晤士河之南地質結構圖，可和下圖相對應。

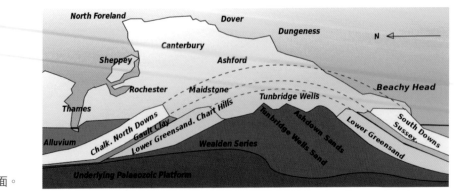

地形切面。

凱耳文　　　　達爾文

考察，他推論這些岩層露頭形成時期大概有三億年，十分古老，足以哺育千萬代的人類。以當時人們對自身的認識，是難以想像的。

　　本頁右邊的照片是 1860 年五十一歲，前一年剛寫完《物種源始》的達爾文。當時他因為顧慮自身可能在小獵犬號巡航時染病，住到倫敦郊區的 North Downs 一帶。也許是這個原因，照片中的他眉頭深鎖，但還有另一個原因讓他愁煩，可能是來自對面的凱耳文（Lord Kelvin）。

　　凱耳文是位少年英俊的學者，二十二歲就當上物理講座。溫度單位 0℃ =273 K、室溫 27 ℃ = 300K，這個 K 就是 Kelvin 的 K，可見其貢獻卓著。凱耳文對《物種源始》出版造成的轟動，以熱力學大師的身分提出有力的異議：因為地球有地熱、火山，凱耳文推論地底呈熔融狀態，但根據推算，地球內部的熱能幾百萬年內就會耗散。因此他藉由地熱的存在，推斷地球不可能已存在超過三億年，也根據已知的太陽表面溫度和質量，進一步推論太陽熱能在千萬年左右就會輻射殆盡。因此不管是地熱或太陽的熱輻射，凱耳文表示無法理解地質學家所聲稱的地質年代。

　　伽利略雖被教廷軟禁，但在之後，物理學的發展受到普世認同，到牛頓時代，已少有人能與物理學家提出的權威預測與計算相抗衡。大物理學家和大博物家彼此槓上了，這著實令達爾文眉頭深鎖。這就是有名的凱耳文－達爾文之爭。

　　不過故事尚未結束，凱耳文雖不認同達爾文的地質年代，卻留下一個但書。1862 年，本 名 William Thomson 的凱耳文在現今《Nature》雜誌的前身《麥克米倫雜誌》（*Macmillan's Magazine*）發表〈太陽熱能的歲數〉（On the age of the Sun's heat）一文，文中有這樣一句話：「除非在創造的大倉庫裡，有我們現今所不知道的新源頭……。」

　　我們現在可以確定有凱耳文所不知道的能量新源頭，但是當年達爾文還無法回應他的質疑。凱耳文認為自己的計算已是人類認知的頂點，這話看似謙卑，其實暗藏驕傲，也隱含對博物家的挑釁。若他能謙卑地探究博物家並非無的放矢，他就能預言「在創造的大倉庫裡，一定有現今所不知的新能源！」

貝克芮。

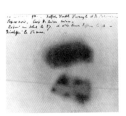

鈾鹽可以隔著不透光的黑紙讓底片感光，但不能穿透金屬。

門德列夫。

　　凱耳文對地熱與太陽能量不置可否的「新源頭」但書，日後的科學家都一一找到了解答。貝克芮（Henri Becquerel）在 1896 年發現鈾鹽可以隔著不透光的黑紙讓底片感光，但無法穿透金屬。當時底片已發展了幾十年，卻未曾發現這個新現象；鈾也是化學家熟悉的元素，卻仍蘊含未知的輻射能。鈾鹽竟能隔著黑紙讓底片感光，表示鈾鹽潛藏著人們還不了解的穿透性能量。貝克芮這項驚人發現，使他獲得 1903 年諾貝爾物理獎。

　　地殼中有鈾，鈾緩慢衰變不斷釋放能量，也就是貝克芮所發現的「放射性」，其釋放的單位能量遠大於化學反應，填補了地熱的散失，所以地熱並不會在百萬年之內耗盡。人們發現鈾 238 的半衰期大約為四十五億年，因而現今地殼裡的鈾含量是當初的一半。地熱來源問題解決了，然而凱耳文所謂能使太陽放光遠超過千萬年的「未知新能源」是什麼呢？這個問題在貝克芮的時代也還是沒有解答，直到二十世紀才有飛躍性的進展。

　　門德列夫（Dmitri I. Mendeléev）在 1870 年排列出元素週期表預測新的元素，在當時十分轟動。二十世紀前三十年量子物理的發展大致解釋了化學的週期表，實際上就是原子核的序列與伴隨的電子結構的性質。

　　二十世紀初期對於原子的認識是物理學的重大突破。原子裡有原子核，而原子核很小；原子的大小是 $10^{-10}$ 米（Ångström，埃），原子核則再小十萬倍，即 $10^{-15}$ 米（femtometer，費米），由質子和中子構成，周圍有電子環繞。我們知道原子序 Z 是原子的電子數，也就是質子數。人們進一步發現，原來氫的原子核就是質子，而質量數 A = 4 的氦原子核是由兩顆質子和兩顆中子構成，但實際測量卻發現氦原子核的質量小於兩顆質子加兩顆中子的質量，也就是說，如果拿兩顆質子與兩顆中子形成氦原子

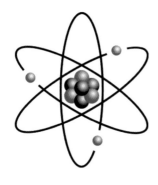

原子的大小是 $10^{-10}$ 米，原子核比原子小十萬倍。

核，將會有額外的質量消失不見。這質量雖然不大，但因為 $E = mc^2$，等價於極巨大的能量釋放。所以人類發現原子裡有原子核以後，就發現原子核中蘊藏著極大的能量，遠超過人類所能想像。

1910 年代，雖然人們尚未清楚解釋原子核是什麼，但已經體會到原子核蘊藏極大的能量。庫倫力和對應的能量，公式是電荷 1（Q1）乘上電荷 2（Q2）除以 $r^2$，就是兩者之間的作用力。若兩個電荷的符號相反將會相吸，反之若相同符號，不管是同樣正號或同樣負號皆會相斥。因此在 $10^{-10}$ 米的原子尺度，一個氫原子（單獨一顆質子與外面單獨一顆電子）的電位能量大概是十個電子伏特（eV，也就是一個電子的電荷通過一伏特所累積的位能），所以氫原子的電位能是 10 個 eV 左右，而原子核的大小又比原子小了十萬倍，它裡面的電位能何其大！

氦原子的兩顆質子和兩顆中子「綁」

在一個費米、人所難以想像的 $10^{-15}$ 米大小的空間中。比原子小十萬倍，裡面竟塞著兩顆質子！從電位能的角度，在狹小的氦原子核裡，兩個帶著正電荷的質子，幾乎是劍拔弩張、像要炸開的。但原子核顯然被束縛住而沒有炸開，這個現象並不能以一般電動力學解釋。如果比照化學反應，一般的原子表層電子的能量範圍是 10 個 eV，在小十萬倍的原子核尺度，將會是 10 eV 乘以 $10^5$，或百萬 eV。因此，若原子核之間發生核反應，它牽涉到的能量並非化學能的 eV 級，而是百萬 eV 級。

如果氦核顯得神祕，則所有元素同樣奇怪：在原子核裡面有很多質子跟中子，卻不會因眾質子間電荷的斥力而炸開？

原子彈：核反應的能量是化學反應的百萬倍！

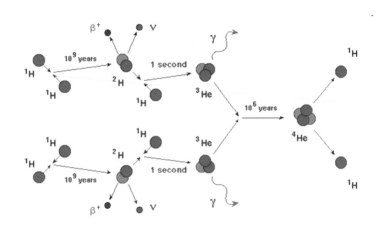

pp 循環為太陽能量之源：$4p \rightarrow {}^4He + 2e^+ + 2\nu + 2\gamma + $ 能量。

這個束縛原子核的作用力，其反應所釋放的能量非常巨大。這使我們可以理解為什麼人類一旦開始掌控原子核後，不久就出現了原子彈這麼可怕的毀滅性武器。中國人發明火藥，或諾貝爾發展黑色炸藥，都不過是化學反應，也就是 eV 級的單位能量，包括你平常開車、騎摩托車都是用化學能。但核能是化學反應單位能量的百萬倍，所以相同大小的炸彈，核能可以釋放化學能的百萬倍。

了解這些之後，我們可以回頭介紹太陽的能量之源了。我們前面之所以特別介紹氦核，除了它是第二簡單的原子核之外，也是因為太陽的能源和氫、氦息息相關。太陽主要能源來自 pp 循環（或pp 鏈）反應。圖中紅色表示質子、藍色表示中子，在第一階段，兩顆質子、即兩顆氫原子核黏在一起，發生第一個反應，變成結合一顆質子、一顆中子的氘（${}^2H$，A=2，Z=1）原子核。此後再送進一顆質子，與氘反應形成兩個質子加一顆中子的氦 -3（${}^3He$，A=3，Z=2）原子核並釋放出一顆光子（$\gamma$）。最後兩個氦 -3 原子核相撞，因質子太多而釋放出兩顆質子，留下氦 -4（${}^4He$）原子核。因為先送進兩顆質子再得回兩顆，因此整個反應總共是以四顆質子形成最後的氦（${}^4He$）。

兩顆質子形成氘時釋放出各一顆 $\beta^+$和 $\nu$。$\beta^+$ 射線是正子、即反電子，$\nu$則是微中子（neutrino），而在形成氦 -3之後，釋放出一顆 $\gamma$，每一顆釋出的粒子都帶著能量。這個綜合的反應叫做 pp循環或 pp 鏈，總體而言就是：

$$4p \rightarrow {}^4He + 2e^+ + 2\nu + 2\gamma + energy$$

人在地球上能夠活著，是靠著太陽內部這樣的反應，太陽才有能量提供地球上

的生物生存。與其硬記公式，不如認真感受、體會大自然的奧妙與恩慈！

不過這裡又出現另一個問題：如果兩人身上帶著電荷，他們應該可以感受到一種無法彼此靠近，或是倒過來相互吸引的力（當然囉，很容易放電的）。因此兩顆質子若相互靠近到原子核大小的時候，將有很強的反彈排斥力！要「擠」成原子核的大小，勢必需要非常巨大的能量。這個強大的庫倫排斥力，在太陽內部是怎麼克服的呢？

首先，需要高溫，溫度高表示動能高，兩顆質子就能相互靠得更近。就我們所知，太陽內部大概是一千七百萬度，遠遠超過人的想像，這樣的高溫是為了要讓這些反應能夠進行，但這還不夠。喬治‧伽茂夫（George Gamow）在 1928 年將量子力學的神祕「穿隧」（Tunneling）效應加進來，可協助 pp 靠近。而猶太人漢斯‧貝特（Hans Bethe）則又更進一步。貝特 1930 年代因納粹上台被迫離開德國，先到英國，後來在美國的康乃爾落腳，參與過曼哈頓計畫（Manhattan Project），也在建造原子彈的洛斯阿拉莫斯國家實驗室（Los Alamos National Laboratory）工作過。但在 1938 年，他在康乃爾透過詳細核反應計算解釋太陽為什麼放光，使其 1967 年獨得諾貝爾物理獎。他在 2005 年過世，享壽九十九歲，一直工作到最後一刻。

在貝特的計算中，發現太陽的能源 pp 鏈有一關是「極慢」的核融合反應，也就是說，即使有千萬度的高溫加量子穿隧效應，老天爺還放了一個超乎人類想像的東西：在 pp 循環起首將兩顆質子變成一顆氘原子核（$^2H^+$）並釋放出 $\beta^+$ 和 $\nu$ 的反應屬於「弱作用」，因為極其微弱，反應進行得非常、非常慢，反應時程有 10 億（$10^9$）年之久！

這個因緣際會，綜合了測量和計算得到意想不到的發現，人類的認知跨越了。我們該多麼心存感激！如果反應速率快了十萬倍（$10^5$），那太陽早就燃燒殆盡，地球也無法持續獲得能量供給萬物生存演化。大哉造物！這數十億年的放光，真不能小覷！

當我們再回頭審視達爾文與凱耳文的爭論，在創造的大倉庫裡，確實有凱耳文當年不知道的新能量源頭！他不知道 E = mc²、不知道原子核存在、不知道核

伽茂夫加入穿隧效應來解釋太陽的能量。

貝特在洛斯阿拉莫斯國家實驗室的工作證。

晚年的凱耳文。

晚年的達爾文。

作用力、不知道能量尺度有多大，他更不知道背後有這麼奧妙的十億年時間量表調控太陽的壽命。十九世紀的地質學、生物學的發展與先見，打敗了物理學，還真是了得！

也許凱耳文並未全盤皆輸，畢竟他留下了一道開放性的但書。由做學問的嚴謹態度，他說出了看似謙卑的話，但反過來說，他也可能沒有充分尊重當時地質學的發展。以他的聰明才智，虛心了解地質學家的主張依據，也許他就能倒過來說：「在創造的大倉庫裡，一定有我們所不知道的新能源，而且它能量巨大，又可維持幾十億年……」那麼他可就成了先知、預言家了。

只是，人類之間的競爭與輸贏究竟能證明什麼？百年過去，今日的他們，皆長眠於倫敦西敏寺。看看當年英姿煥發的凱耳文與達爾文，數十年內就垂垂老矣，相對於太陽放光的十億年尺度，只是短暫的一剎那罷了。

## 太陽的一生，走向哪裡？

太陽的襁褓起源自一團氣體雲（cloud），就像靠近獵戶座 Eagle Nebula 裡黑得發亮的塵埃雲氣，是星球的溫床。太陽核融合的點燃，就是由這樣一團雲氣開始。當氣體藉重力收縮，因絕熱壓縮導致溫度上升，到達千萬度以上時，就點燃核融合，引發緩慢的 pp 鏈核反應，一旦達到熱平衡，我們的星球就出現了。太陽表面的溫度略低於六千度，遠低於它的核心，但太陽表面積比核心能量產生區的要大許多，所以表面以較低溫釋放核心高溫產生的能量。

我們的太陽約有四十五億歲，剛進入

Eagle Nebula 可以看到星球初始所由生的雲氣。

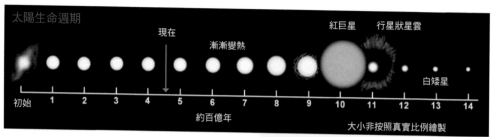

太陽的生命歷程。

中年，之後也許還有五、六十億年的時日，但幾十億年後太陽將漸漸變大，成為「紅巨星」（Red Giant），逐漸把氫燒成氦，於百億年間用盡核心的氫，使熱能不足以支撐星球。和直觀印象相反的是：當太陽核心支撐不住，又開始收縮增溫時，核心外圍的氫也隨之變熱燃燒，如此核心不斷收縮增溫，星球外層就被一層層向外推，表面積越大、散熱面積也增加。

太陽變成紅巨星，對地球有什麼意義呢？從開始燃燒太陽核心外面的氫，逐漸走向氫耗盡，大概需要五億年的時間。這期間太陽漸漸變大，最後與原本太陽的大小成明顯對比：圖中紅色是太陽成為紅巨星後的大小，旁邊的小黃點則是現在的太陽。仔細看一下，紅巨星的直徑是兩個天文單位（Astronomical Unit，AU，即太陽與地球的距離，有一億五千萬公里）。今日太陽直徑約 0.01 AU，有一百多萬公里，比地球的直徑一萬多公里大上許多。至於地球實在太小

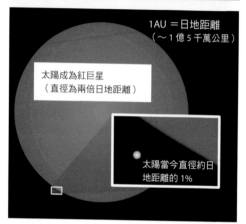

太陽變成紅巨星，直徑會有兩倍日地距離，一直膨脹到我們家門口。

了，在這張圖的尺度上是看不到的。當太陽成為紅巨星時，直徑將長達日地距離的兩倍，也就是說會膨脹到我們地球的家門口：紅巨星就在你眼前，甚至已經把你吞了。其實在太陽登堂入室前，因太陽越來越逼近地球，即便表層溫度下降，但除了會先把水星、金星一一吞沒，高溫還會先將地球表面的水蒸發殆盡。

經過約五億年的膨脹，紅巨星發展到極限，核心卻仍在收縮，溫度越來越高，外層的氫也燒得差不多了。就像初始的

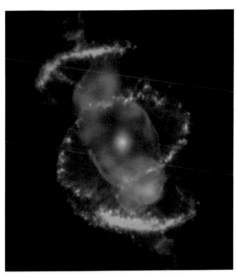

「氦閃」炸掉星球的外層，形成行星狀星雲。

雲氣收縮，太陽生命邁入下一階段：氫幾乎耗盡、核心溫度達到一億度左右，點燃更重度的原子核反應。藉著快速燒氦、也就是幾次「氦閃」，太陽會把外層炸掉，形成「行星狀星雲」（Planetary Nebula）。我們曾提過許多肉眼可見的星雲（Nebula）其實是如銀河般的遙遠星系，這裡的「星雲」並非星系，也不是雲氣，而是原本的星球將外層炸出來，這些行星狀星雲也可以用望遠鏡觀測。經由幾次氦閃炸掉外層，星球的核心則崩塌成「白矮星」（White Dwarf）。太陽會以白矮星的形式繼續存在，但究竟是「活著」或是「死亡」的星，就見仁

太陽系八大行星，原來第九大的冥王星在 2006 年被矮化成眾矮行星之一。

見智了。不過，白矮星多半要藉著附近的星球受重力影響的多寡，來推測它們的存在。

我們的太陽正值盛年，五、六十億年後由紅巨星成為白矮星的結局離我們還很遙遠。就人類的尺度，這是極遙遠的將來，即使是以宇宙的時間尺度計算，也相當長遠。

從月球回看地球號太空船：所有我們熟知的生命、環境，都僅在這艘太空船上自給自足，周圍是無比的漆黑，供養我們的資源是如此薄弱。

## ⊙ 太陽系內生命

我們的太陽系有數顆類地行星，其中金星大氣主要是二氧化碳，因溫室效應所以表面非常熱；地球最漂亮，有泛藍的外觀且變化多端；火星紅紅的，肉眼很容易看得見，在行星中亮度僅次於金星和木星。然而，我們小時候熟悉的冥王星（Pluto）在 2006 年被「矮化」，放入矮行星（Dwarf Planets）之列。原本的九大行星，現在只有八個。科學家在冥王星軌道之外發現了更多類似的矮行星，因此冥王星本身並沒有什麼特別，而是屬於另一「族群」。不過根據最近的觀測與計算，遠在冥王星之外似乎有一顆比地球大好幾倍的新「第九大行星」存在。

### 回首地球：有其他地球嗎？

我們討論演化時，都是以人、地球的生命、我們的居所地球為中心。若乍然來到「月世界」，站在月球高空回首一

JAXA 拍攝的「滿地」：空蕩單調的月球表面和地球的豐富多彩形成強烈對比。

望，我們就看到人類同在一艘「地球號太空船」上。這艘太空船繞行太陽，而「太陽」又在銀河裡面繞，我們只是漂浮在宇宙中的一艘船。

我們常說滿月迷人，而太空人在月亮上，也許可以看到「滿地」。不過月亮自轉與繞地公轉同步，滿地並不容易看見。日本太空中心 JAXA 特地發射火箭到月球的南極附近拍攝「滿地」，以及「地出」、「地落」、日出、日落。地球從「月平線」下升起、沒入，是在月

阿波羅計畫 1972 年所攝。

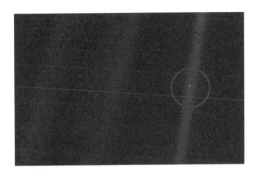

回看到地球：1990 年航海家一號在距離地球 60 億公里之外拍攝到的微弱光點，就是我們所在的地球。

卡爾・薩根說地球是「泛白的淡藍光點」。

亮南極才拍得到的。

1969 年阿波羅計畫登月前後有更多計畫前往地球和月亮之間，十幾萬公里或者更遠之處。有一張阿波羅計畫 1972 年所拍攝的「滿地」，我們對這樣的圖像應不陌生。你可以輕易辨認出馬達加斯加、非洲、紅海、阿拉伯半島、印度洋等，還能清楚辨認大氣的天氣變化。這種照片現在已經司空見慣，但對我們的祖先而言，他們又會怎麼想像與理解這樣的圖景呢？

航海家一號（Voyager 1）於 1990 年從 60 億公里之外，也就是地日距離 40 倍的所在拍攝的地球，就相對陌生了，航海家一號於 1977 年發射，1990 年拍攝這張相片時，它已經飛越冥王星。推廣科普不遺餘力的知名天文學家卡爾・薩根（Carl Sagan）當初看見這張圖像時說，地球只不過是一個「泛白、淡藍的光點」（Pale Blue Dot）而已。這個光點如此微弱，卻承載了豐富的生命、孕育了萬年的文明。仔細想想，我們的存在真是奇妙！

歐拉夫・斯泰普頓（Olaf Stapledon）於 1937 年在其著名的科幻作品《造星者》（*Star Maker*）裡寫道：

　　「我意識到我立身在一顆
　　小小的圓石頭與金屬上，
　　外披水與空氣的薄紗，
　　迴旋在陽光與黑暗中。
　　而在這小顆粒的表面，
　　一群群的人類，代復一代，

在勞苦與盲目中過活，
有著間歇的喜樂及斷續的清醒。
而他們所有的歷史：
民族的流浪、帝國的興衰、
百家的哲學、傲人的科學、
社會的革命、對大同日增的渴望，
只不過是眾星生命裡
一天中的一閃而已。」

火星上的「水手峽谷」，和美國差不多長。

想想我們現代智人存在二十萬年，若從猿人算起則有四百萬年，但星體則是以五十億、一百億年的時間存在著。能從遠方回頭看地球一點也不簡單，但我們是否也意識自己存活在這顆「小小的圓石頭與金屬，外披水與空氣的薄紗」、泛白的淡藍色光點上呢？

「有沒有其他地球？」「地球是唯一的嗎？」讓我們離開地球，繼續探索下一站太陽系內的生命。我們前往火星與土衛泰坦。

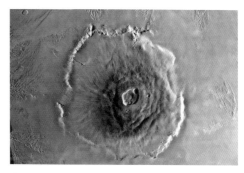

好奇號火星探測車。

## 探測火星

火星探索的主要目的是尋找生命。

火星上有個「水手峽谷」（Valles Marineris），幾乎從東到西橫亙美國。沿水手峽谷行進，跨越三個大火山，則有高達 25 公里的奧林帕斯山（Olympus Mons），是遠高過地球所有山峰的超大火山：這表示火星過去也曾有過與地球類似的高熱核心，而隕石坑則與月亮相

火星上的超大火山。

火星訪客：這顆隕石一萬三千年前來到地球，它是否承載了關於火星生命的訊息？

似。另外，火星也有疑似水流的痕跡，可能以前存在著水或大洋，但目前除了南北極的冰冠，火星表面找不到水。

人類已發送無數的探測器到火星，除了好奇號，印度最近也成功登陸火星，即使如此依舊沒有找到任何火星上有生物的證據。但火星目前仍是現在外星生命探索的核心，人類將以各種方法繼續探索，比如以無人機在火星表面及高空探勘，甚至鑽進火星表面，將樣本運回地球經由化學試驗篩檢成分，藉此探知究竟有無生命存在。

其實火星早就「造訪」過地球了！1984 年在南極洲的亞倫丘陵（Allan Hills）發現的亞倫丘 84 年 001 號隕石（ALH84001.0），就是重達兩公斤來自火星的訪客。大約一千六百萬年前因隕石撞擊火星，一堆石塊被撞飛，離開引力較小、空氣稀薄的火星地表，於一萬三千年前墜落地球。

美國的柯林頓總統曾在 1996 年宣告：「隔著數十億年的時間與百萬里的空間，隕石 84001 今日告訴我們 — 生命的可能。」在仔細檢驗之後，科學家發現這塊隕石有微小的「奈米細菌」，或許可視為來自火星的簡單生命跡象，但目前尚有爭議，因為「奈米細菌」不見得是生命過程所產生。

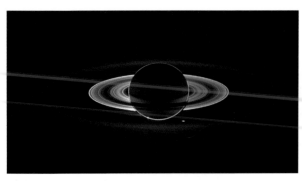
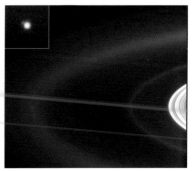

左圖中央的圓是在調整視角大小之後，以土星擋掉太陽，陽光由土星後方照亮了土星環，使環比土星亮。但圖中竟然也可看到一旁黯淡的小點——我們的地球，因為太陽被擋掉之故，如右圖所示。New World Mission 盼望用類似方式尋找地球型行星，是未來人類探索的可能突破方向。

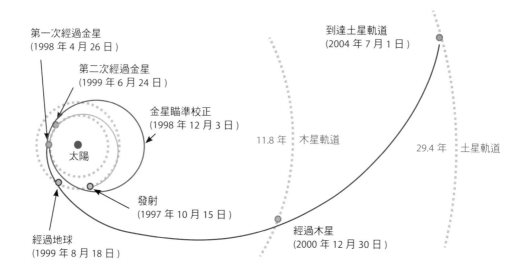

第一次經過金星
(1998 年 4 月 26 日)

第二次經過金星
(1999 年 6 月 24 日)

金星瞄準校正
(1998 年 12 月 3 日)

太陽

發射
(1997 年 10 月 15 日)

經過地球
(1999 年 8 月 18 日)

到達土星軌道
(2004 年 7 月 1 日)

11.8 年　木星軌道

29.4 年　土星軌道

經過木星
(2000 年 12 月 30 日)

揹著惠更斯探測器的卡西尼探測船，藉由許多計算與操控，經歷了七年才終於到達目的地──土星軌道。

## 卡西尼任務：土星與土衛

火星至今沒有生物存在的確證，讓我們繼續看看卡西尼探測船（Cassini）對土星及土衛泰坦的探勘。左頁圖是一張卡西尼號在 2006 年拍攝的土星照片，可以看見漂亮的土星環甚至比土星還亮，而我們的地球，Pale Blue Dot 也在圖中。但在哪裡呢？地球距離土星 1.4 光時，經過「拉近鏡頭」，我們才在照片中看到一個模糊的影像。

卡西尼探測船在 1997 年藉由如盪鞦韆的發射方式，於 2004 年到達土星軌道，目的是探測土星。這艘探測船還攜帶歐洲製作的惠更斯（Huygens）探測器，可

以降落並探測土衛六，泰坦（Titan）。

如果純粹以火箭發射至外太空，遠離太陽必須注入很大的動能，但盪過鞦韆的人就曉得：要使鞦韆擺幅變大，通過低點時身體要向下沉，盪到高點時再往回拉。經過精密計算與規劃，卡西尼探測船在 1997 年十月發射，經由綠色線軌道，在半年後的 1998 年四月第一次經過金星附近，將軌跡換成紅色線；到了 1998 年底做好主要軌道調控後，卡西尼探測船第二次躍向金星，藉金星引力如盪鞦韆般甩回地球附近，再藉地球引力向外甩進藍色線軌道，路經最大行星木星，再用力甩向土星。這番橫跨數顆行

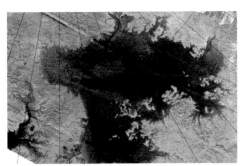

泰坦上的甲烷海。這是卡西尼與惠更斯探測器傳回的泰坦照片。

星，歷經四次的超大型盪鞦韆，都經過事先精密計算；從 1997 年發射經過七年，於 2004 年才抵達土星軌道。這樣的發射和操控過程，是人類進入太空的偉業。

卡西尼探測船送出惠更斯探測器前往土星的六號衛星泰坦（Titan），發現泰坦上有海，傳回的影像好比美國五大湖的湖岸，但泰坦上的海並不是水，而是甲烷。實地降落拍攝的照片顯示泰坦表面雖有液體，但主體都是堅硬如石的冰凍甲烷塊。泰坦上大概沒有我們所認識的生命，即便有，可能也是以另外的形式存在吧。

美國 NASA 與歐洲 ESA 合作，預計在 2020 年代發送兩個探測船，分別前往木星的歐羅巴與蓋尼米德衛星。伽利略在 1610 年發現四顆木星的衛星，圖中由上至下分別是木衛一埃歐（Io）、木衛二歐羅巴、木衛三蓋尼米德和木衛四卡利斯多（Callisto）。伽利略藉望遠鏡對星體

的發現和探究，帶領人類進一步理解自身所處的世界，是「沉思者」（Thinker）的代表。為了搜尋太陽系內生命，人類將進一步啟航探索歐羅巴和蓋尼米德，著實令人振奮，不過這一類計畫因經費與執行常會有變故和延遲。

人們對外星生命的探索永無終止之日。只要我們的生命圈仍是獨一無二，我們就難以排除地球上的生命是一連串極不尋常的事件促成的可能。因此，下一個更深入的命題乃是：「地球上的生命是獨一的嗎？」

比對其他行星的照片就可以看出：擁有廣袤水域與大氣變化的地球十分獨特。

木星的四顆伽利略衛星。

但如果我們在火星，或在泰坦上發現生命，我們就能確定地球上的生命其實沒有那麼獨特，而是存在於宇宙、符合一定條件便可發展的生命現象。前面提及航海家一號在 60 億公里之外所拍攝的地球，圖片中可見一帶帶的光線，乃是陽光在鏡頭內的反射。地球有如鑲嵌在一條太陽光帶中，顯得何其渺小、微弱，它的光線連太陽反射的光都比不上。但即便微小到只有一個光點，在 60 億公里的距離，甚至是遠一萬倍的十光年之外，只要確認這麼一個光點，依舊可以得到許多資訊。譬如「地」的陰晴圓缺，亮度隨季節變換，藍色深淺隨洋與陸的比例而變。地球上的撒哈拉沙漠、雲氣及海洋等呈現豐富的樣貌，配合這些做光譜分析，經過一段時間的觀察，就可以推論是否有臭氧，以及是否有氧氣，甚至生命圈。

如果在十光年之外有人正在找我們，當他們分離出並確認這樣的一個光點，就可以分析這個光點不同於火星、木星和金星的寂靜。New World Mission 就是想以這樣的方式去探尋「新世界」的可能，可惜因為預算與可行性因素目前無限期展延了。

不過上述順理成章的推論前提是我們已知地球上有生命，若置身毫無頭緒的漆黑宇宙，外星生命於十光年、一百光年、一千光年之遠的距離，究竟能不能看見地球？又會有何預期，可能不是早已知道生命存在的我們所能揣想的了。

航海家一號目前離地球已超過 190 億公里。它離開太陽系（solar system）了嗎？它在 2012 年八月二十五日脫離「太陽圈」（Heliosphere），進入「星際空間」（interstellar）。我們因而知道太陽圈內似乎沒有別的生命，但我們不能稱它已經離開太陽系，因為離進入歐特雲（Oort Cloud），還有很長一段時間。太陽風到太陽圈已經止息，也就是太陽的動力系統對太陽圈外已無影響，但是重力系統仍在太陽圈之外一到二光年的距離內發揮作用。那遙遠外圍的歐特雲是龐大的彗星儲藏庫，而最近的恆星距離太陽有四光年，其一半的二光年可標誌為太陽重力影響的邊界，在這龐大的儲藏庫，甚至兩個恆星之間，究竟是否有生命存在呢？我們拭目以待。

# Chapter 4

## 自覺意識

　　這一章我們把眼界擴大，想一想宇宙生命的中心議題，但我們更感興趣的乃是「智慧」，或進一步的「自覺意識」。

　　我們討論的並不是科幻，而是真切的科學議題。智人從東非出發，成為首次遍布全球的人屬物種。除了數百年前的歐洲大航海時代，人們於千餘年前抵達夏威夷群島；約於兩千年前，初民航海家們駕著長舟，從中國東南沿海陸續經由台灣、東南亞、紐西蘭與其他南太平洋諸島，橫越大洋，不知征服多少島嶼 — 人類從未停止探索拓殖的腳步。是否有朝一日，人們也能像過去宏大的航海探索，從地球航向其他星球呢？

　　在尚未向外星拓殖前，我們可以探討其發展的可能性，有無外星智慧，及太陽系外行星的存在。

有無數的星座、太陽及行星；因為它們放光，我們看得到眾太陽；因為又小又暗，所以行星是看不見的。還有無數的地球，各自繞著自己的太陽；和我們的球體比，並沒有好與壞的差別。

《關於無限宇宙與諸世界》

## ⊙ 夢想外星智慧

上一段文字現今看來稀鬆平常，但若我告訴你，這是 1584 年出於道明會修士佐丹奴‧布如諾（Giordano Bruno, A.D. 1548-1600）之手，時間還早於伽利略用望遠鏡觀天之前，你會有什麼感想呢？1584 年，文藝復興於義大利已發展近兩百年，而在東方則是中國明神宗的時期。在明朝末年歐洲竟出現這樣劃時代的深刻揣度，當時中國人的思維世界到達什麼地步呢？

羅馬的鮮花廣場（Campo de' Fiori）有座布如諾的銅像，正是 1600 年二月十七日，布如諾遭到宗教審判（Inquisition）送上火刑架、活活燒死的所在。讓我們引用他另一句偉大而高遠的話，進入主題：

任何理性的頭腦應該不會假定，在那可能比我們更壯麗的天體上不會有與人類的地球類似、甚至更高等的受造生命。

我們提過，在西方文明中 creature 這個字原意是「受造生命」，表示一般生命體是被創造出來的。布如諾並沒有違反這一點。可是他的猜想或是不悔改的態度，挑戰了當時教廷的教條與權威，不僅接受哥白尼的說法，甚且遠遠過之

羅馬鮮花廣場的布如諾銅像。

而無不及。布如諾僅因純粹想像的討論便受到宗教審判，三分之一個世紀後，伽利略也因觀念與文字問題遭到軟禁。不過那時因為有了實體望遠鏡，人們可以獨立觀測、比較討論，與布如諾的想像相比來得切實，伽利略的遭遇也比布如諾幸運多了。

我們目前仍無法判斷地球之外「自覺意識」（intelligence）存在的可能性有多少。Intelligence 這個字有很多層面的意思，最常翻譯為「智慧」，但被「人工智慧」的慣常用法給扭曲了。我強調「自覺的意識」，而非僅有聰明或運算能力。有人做過實驗：在各種動物面前擺放一面鏡子，看牠能否認出鏡子裡面的就是「自己」？這需要意識到自我，而不僅是「聰明」。人類自然屬於有自覺意識的生命，能夠認知自我並做出各式各樣的事情，但宇宙之大，也許還有比人更高度自覺的生物，也未可知。探究宇宙的生命可分為兩個層次：首先，在本書演化的章節我們已然探討「生命是怎麼開始的？」，而進一步的問題則是：即使存有簡單生命，要發展成「自覺意識」的機會有多大？我們手邊只有地球這個孤例。

簡單生命很早便在地球出現了：大概在地表冷卻後一、兩億年就出現形成疊層的單細胞藍綠藻，在這之前也很

可能存有更早的生物，至於多細胞生物則經過了幾十億年的漫長時間才開始發展。雖然地球這個單一例子可能不足為證，我們卻能藉此體悟：生命的起始即使相對容易，要出現具有自覺意識的複雜生命還是有很高的門檻。就算多細胞生物有了一個腦袋及數百神經元，可以做些「決定」、執行一些事情，可是要達到真正的智慧，要自覺與思考，又需要一段繁複的發展。試想哺乳類原先在恐龍世界的食物鏈邊緣討生活，若不是六千五百萬年前的大天災造成恐龍滅絕，哺乳類的演化是受到很大抑制的。再如我們不斷提到的「沉思者」，一看見他，就了解他在思考。人類是很獨特的，不僅有很高的自覺意識，還能一路追問自身及宇宙的起源。類似自覺意識的發展，究竟是簡單還是困難，是必然抑或偶然？

有一派的說法如《地球是孤獨的》（*Rare Earth*）：主張地球這樣的星球

《寂寞的地球》書影；*Rare Earth* 書影。

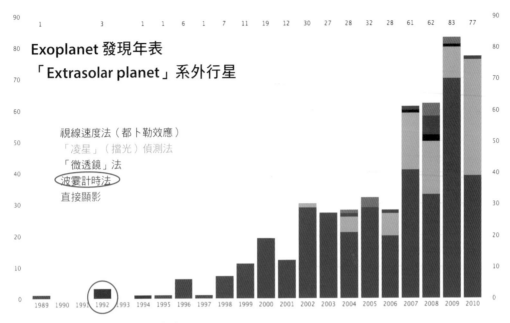

**Exoplanet 發現年表**
**「Extrasolar planet」系外行星**

視線速度法（都卜勒效應）
「凌星」（擋光）偵測法
「微透鏡」法
波霎計時法
直接顯影

至 2010 年為止系外行星發現年表。

是稀有的[注1]。另一派則是「演化趨同」，主張受限於生存環境，鯊魚和鯨豚類即使有不同的演化出發點，卻逐漸趨於相近。賽門·康威·莫理斯（Simon Conway Morris）在《生命之解：孤獨宇宙中無可避免的人》一書便指出雖然生命的多樣令人吃驚，事實上生命的發展還是受到相當限制：

儘管生命是如此的豐富多樣，它卻是十分受限制的，以至於我們在地球上所見到的，絕對不是什麼偏鄉或地區動物園，更不是什麼怪物展覽會…這麼強的侷限印記，顯示的不只是我們在地球上所看到的可預測性，應

當也可引伸到地球之外。

生物、化學或材料背景的人可以繼續思考：在生命的世界裡，陽光是最主要的能源。但是要採集光的能量，除了葉綠素之外，究竟還有沒有其他辦法呢？地球上的生命雖然豐富多樣也充滿創造力，卻似乎還是有根本的發展侷限。

## ⊙系外行星與異類生命

有時我們可以脫離一下人的本位思維，如果有外星人，他不一定長得像電影中常見的模樣，但是他的身體結構必定反映其行星家園的居所環境。譬如木

星的大氣厚而密、且有多種氣體，如果
木星上有生物能以那些氣體維生，這些
生物可能如「氣球」般在高壓濃密的大
氣中漂浮；如果有個地球型的大行星，
體積、質量比地球大，那麼，地表生命
則會因應大行星強大的重力而僅有昆蟲
大小的體型。

## 系外行星

　　近年來大家對系外行星（Extrasolar
planet 或 Exoplanet）的興趣越發濃厚。
Extra 是「之外」的意思，所以 Extra-
solar planet 就是太陽系外行星或「系外
行星」，Exoplanet。那麼，究竟有沒有
系外行星呢？答案是肯定的，而且人類
在 1990 年代就已經發現了。第一個系外
行星證據，竟是伴隨著「波霎」（pulsar）
出現，也就是以中子星為恆星的「太陽
系」裡。波霎是在 1960 年代發現的電波
星體，定期發射極短的電波脈衝，在右
圖中為行星左上方遠處的亮點。這一閃

伴隨行星遠眺波霎示意圖。

一閃、像心跳般規律的脈衝波，提供了
一個發現系外行星的門徑：波霎計時法。
人類藉此在 1992 年首次發現系外行星的
存在。

　　波蘭裔的亞歷山大·沃爾許燦
（Aleksander Wolszczan）在 1990 年用
位於波多黎各、美國康乃爾操作的全世
界最大阿瑞西博（Arecibo）305 米電波
望遠鏡，發現了 PSR B1257+12 波霎，
脈衝週期為 6.219 ms（毫秒）。他繼而
發現該波霎的週期有一定周而復始的異

沃爾許燦（左圖）使
用 305 米 Arecibo 電
波望遠鏡發現系外
行星。

常，經過仔細探討，在 1992 年推論有兩顆地球質量的行星。兩年之後，他再推論出有遠小於地球質量的第三顆行星。

Arecibo 電波望遠鏡安放於小山丘之間的地面，是不能移動的，但可以藉由地球自轉而觀天。它就像平常的反射式望遠鏡，不過收集的「光線」波長在電波波段，比我們熟悉的可見光長許多，因此「鏡面」比一般望遠鏡大得多，將電波聚焦於懸掛在鏡面上方的接收天線。十九世紀以來，電波技術是人類掌控最良好的工具之一，導致沃爾許燦利用這樣的望遠鏡發現新的波霎，並伴隨地球質量系外行星！工具與器物的重要，由此可見。（注2）

## 波霎與中子星

波霎即中子星是超新星 Supernova 爆炸的殘留。關於超新星爆炸，最早的歷史紀錄出現於中國宋仁宗至和元年，也就是西元 1054 年，日本也有相關紀載，不過西歐倒是毫無紀錄。《宋會要》記載：「至和元年五月晨出東方，守天關，晝見如太白，芒角四出，色赤白，凡見二十三日。」天關在今天的金牛座，這段紀錄除了描述時間與方位，還提到星光亮到好像周圍出現芒角，且如太白金星（即金星）一樣，在白晝都清晰可見，長達二十三天之久。另一則紀錄在《宋史·天文志》：「宋至和元年五月己丑，

蟹狀星雲。

客星出天關東南，可數寸，歲餘稍沒。」客星指原來沒有而突然出現的星，而「數寸」的大小還需要考據。不過這裡描述的是晚上，客星停留了一年多才消失。你可以試著瞭解，中國朝廷派天官觀星，旨在關切什麼問題。

今日在金牛座可以看到蟹狀星雲（Crab Nebula），距離我們六千五百光年，其視角範圍涵蓋十一光年。自 1731年發現以來，根據方位及它的擴展速率倒推時間點，確認現在看到的蟹狀星雲就是至和元年所看到的客星，也就是中國記錄到的 SN1054 超新星。

我們不僅有哈伯望遠鏡所拍攝的蟹狀星雲，還可將光學影像與錢卓拉（Chandra）X 光太空望遠鏡的影像（右頁上圖泛著藍色的部分）合成，顯現出

蟹狀星雲的光學與 X 光影像合成。

裡頭有個環形、圈狀的構造,而光學影像紅色瀰漫的部分在兩端。因此 X 光望遠鏡所看到的,反映了我們所要說的波霎世界。這些圈圈對應了一個轉軸,正是核心一顆很小、很小的中子星旋轉軸。中子星將原星球的磁場壓縮、放大為地磁的千兆倍,而快速旋轉的中子星拖拽磁場,最終因相對論性效應等價於發射電波。這電波如燈塔般非常具有方向性,只有在掃到我們時才會閃一下,就是我們看到的電波脈衝,脈衝星,波霎。

而中子星究竟是什麼呢?它遠超乎你我的想像,大約將一個半太陽質量塞在 10 公里半徑(比台北市範圍小)的球體中,可見其密度與壓力之大!它的來源是比太陽重好幾倍的星球在生命末期發生超新星爆炸,內層因重力收縮,將電子與質子壓成中子,而不僅是白矮星的電子、原子核混合體,藉中子互斥來擋住重力崩塌的超大「原子核」。在崩塌壓縮過程中,原星球的磁場也跟著被壓縮,所以緊鄰中子星的磁場遠遠強過地球或太陽。就像溜冰選手將手腳收攏轉速加快,這個星球原來的自轉也因收縮而變快,以致千年之後的現在,蟹狀星雲內的中子星仍每秒轉動三十三次!因為轉軸與磁軸不同,沿磁極會輻射出強力電磁波(每 1/33 秒掃過視線一次),而磁場的旋轉則顯現為 X 光影像的圈圈。

我們可以回頭討論沃爾許燦與合作夥伴的發現了。在 PSR B1257+12 的例子,中子星的質量遠大於周圍兩顆質量接近地球的行星。然而人類對電波技術的操作是最嫻熟的。因地球質量行星的牽動,電波脈衝到達的時間會晚一點、到特定時候又回復一致、然後變成提早到,訊號在晚到與早到之間擺盪。根據這些測量再做一些運算,雖然不能直接看到這兩顆行星圍繞,卻能推論出其質量都和地球差不多。而因為經歷超新星爆炸,這些行星應該不會是後來再形成,而是爆炸前就有的。既然如此,這些行星上原有的生命能在超新星爆炸中倖存嗎?應當絕無可能。況且,會走向超新星之路的星球比太陽重,燒得快,生命短,也不容許足夠的時間演化生命。

尚且不論在超新星爆炸下是否能倖存

了，五、六十億年之後，當太陽膨脹成紅巨星，一路延伸到我們家門口時，地球上的生命能否存活？我們對此也毫無把握。當新星（Nova）爆炸，外層炸成行星狀星雲，核心塌成白矮星時，就算是沒有超新星爆炸般劇烈，地球恐怕也是在劫難逃了。

所以，若我們收到來自外太空的「人為訊號」，可能發自超級聰明但不一定有意識的電腦，不見得代表我們與外星智慧生物的真實接觸。那些技術高超的智慧生命也許早已灰飛煙滅了。不過，這些推論都是以地球生命為本位的思考。

### 異類「生命」？

在這裡，我們來想一個不全然是科幻的問題：中子星上可不可能有生物？

中子星屬於核子物理範疇，和我們的世界完全不能等量齊觀。中子星表面壓力超大，但能量密度卻也足夠。我們並不確定能不能有生物，但是如果有的話，生命基礎將是核作用力，不是地球上的一般化學作用。這些生命會極小，大小在原子核的尺度，比人小百萬倍。這些生命倒是有一個優勢：因為是核作用主導，演化將會極快，說不定幾年內就能演化出複雜生命。然而，這個生命界該如何與我們這樣的外界溝通？一般電波通訊大概是不行的。馬里蘭大學物理博士羅伯・佛沃（Robert Forward）的《龍

描述中子星上生命的 *Dragon's Egg*。　*Black Cloud* 刻畫出「活的」星際氣雲。

的蛋》（*Dragon's Egg*），就是依據這個課題衍生出的科幻小說，說明晚出現的生命如何迅速超前。

天文學家霍伊爾（Fred Hoyle）的科幻小說《黑雲》（*Black Cloud*），則刻畫出「活的」星際氣雲。這並不證明有這樣的生命存在，而是提供對另一種異類生命的思考，挑戰我們對生命的認知：一團星際黑雲闖進了太陽系，把太陽與地球隔開，吸收太陽的光，引起地球急凍的空前大災難。一群科學家奮力建立研究基地，終於發現那氣雲竟是具有高超智慧的特殊生命形式。有位科學家致力以無線電波與黑雲建立通訊。最後黑雲終於離開，地球也從浩劫中復甦。雖然那黑雲極想幫助地球上的人類，也企圖傳授它擁有的大量知識，但由於智力相差太遠，心靈太不相同，實在難以溝通。而那位努力與黑雲建立通訊的科學

家，最終也因心力交瘁，瘋狂而死。一大團黑雲造成人類的大災難，因為農業毀滅，太陽能耗竭，沒有白天黑夜，連月亮也消失了，那樣的世界會是什麼樣子？

讓我們節錄一段黑雲分析地球人的話，稍稍感受霍伊爾傳達的理念與氛圍：

「在行星上面找到有技術能力的動物，真是太奇特了；行星是生命難以存在的極偏遠崗哨（outposts）……住在如地球的固體表面，你們必須承受強大的重力。這大大限制了你們的大小，使你們絕大的力氣和能量都花在與重力對抗，以至於神經活動受限。它迫使你們要有支持肌肉的身體構造，好讓你們能動……你們最大型的動物不過是骨頭與肌肉，沒有什麼頭腦……總的來說，智慧生命只當以瀰漫的氣體形式存在……。更嚴重的是，人類極度缺乏基本化學食物，只有綠色植物的葉綠素行光合作用，效率很低、又只能使用特定波長。太陽有那麼多波段，地球生物使用的只是到達地表的非常小的一部分。不像巨大瀰漫的我，來到一個發光的星球——食堂——就可以飽吸能量，為我自己製造各種基本化學食物。就在此刻，我的基本化學素材製造率是在你們地表進行總和的百億倍……」改自《黑雲》

這團黑雲似乎具有比人類更高層次的自覺意識。另外，我們也可以回想前文提及與人眼構造同樣、精緻的章魚眼。章魚的神經節與感應神經遍布全身，可以瞬間將身體色彩與圖案改變，融入周遭環境。頭足類的神經系統分布全身，思考方式應也與人類大相逕庭，科幻片中也不乏章魚型體的外星人。假以時日，頭足類生物會不會發展出另一種形式的智慧生命？

《龍の蛋》與《黑雲》構想的科幻世界是兩個極端：一個是遠遠小於人的次原子生命世界，另一邊是超過恆星大小的生命體。但回到現實生活中的地球，我們以「鏡子測試」家中的貓狗，牠們的自覺意識到達什麼層次呢？知道自己存在、「自己」是誰嗎？海豚則似乎是我們所知自覺最高的動物之一。不過這些生命都還沒發展出人的觀察力、社會結構，特別是工藝技術及文字表達能力。在地球上，人類還是獨特而孤獨的。

究竟生命是什麼？上述這些形形色色的生命體真的存在嗎？沉思者如你，好好想一下吧。

## ⊙ 外頭有「人」嗎？

大物理學家費米在查兌克發現中子不久便轉做實驗，探討中子與原子核的反應，迅即獲得諾貝爾獎。在前一章提到

艾倫望遠鏡陣列。

的極慢弱作用反應，其理論架構就是他在同一時期提出的。因妻子是猶太人，他在墨索里尼上台後藉著到瑞典斯得哥爾摩領獎，全家離開義大利，最終來到美國。他在芝加哥大學建造了「反應堆」，達到人類第一次的核連鎖反應，為核反應爐的肇始。他成為後來曼哈頓計畫（Manhattan Project）的核心人物之一，參與美國在新墨西哥州建立洛斯阿拉莫斯原子彈建造基地。二次大戰後，費米回到芝加哥大學，但仍不時到洛斯阿拉莫斯實驗室訪問。有一天與友人吃飯聊天，談到外星人的議題，費米提出一個看似簡單的大哉問：「（如果有外星人的話，那麼）他們在哪？」（Where

are they？）

中國人可能覺得大航海時代被歐洲搶去了而感到惋惜。有人提出在非洲曾經找到宋朝的錢幣，這就是個遺跡。透過這些考古，我們可以了解在哪個時間點，哪些人曾經到過哪些地方。費米由這個角度反推：銀河系有幾千億顆星球，很多是更早形成的，如果有高度文明的發展，為什麼我們沒有看到造訪地球的證據？這就是有名的費米問題（Fermi's Question）。詼諧一點來說，如果有外星人，我們早該知道他們的存在或造訪了。如果外頭有人（Somebody out there）的話，我們怎麼會看不到清楚的證據？

如果承認費米提問的脈絡，那麼銀河系恐怕是沒有別的生命存在了。這是個很大的問題。費米的質疑，展現其直觀與老練。那麼，哪些原因使假設不成立？或是目前觀測不夠完整，抑或方法不夠正確？

## SETI 計畫

E.T. 這字，大家從電影應當已經熟悉了。在加州有一個非營利機構「搜尋地外智慧」（SETI–Search for Extra Terrestrial Intelligence），總部設在矽谷旁的金山灣區山景城（Mountain View），使用柏克萊的「艾倫望遠鏡陣列」（Allen Telescope Array）搜尋來自

外太空的「人為」訊號，經費營運雖幾經波折，卻也維繫至今。

SETI 曾有一位女性主任紀兒‧塔特（Jill Tarter），天文學家薩根曾以她的故事為藍本寫下小說《Contact》，於1997 年拍成同名電影，台灣譯為《接觸未來》，男主角是後來演《星際效應》（Interstellar）的馬修‧麥康納，女主角則為茱蒂‧佛斯特。電影的故事與拍攝手法，巧妙避開是否真實與外星人對話，卻帶入並穿插科學探索與宗教追尋的對話，兩者同樣有奠基於信心與信念所導致的熱忱。雖然薩根全程參與了電影的策劃與製作，但本人於電影完成前過世。女主角的原型本尊塔特女士則於 2015 年造訪台灣。

蒐集了大量數據的 SETI，還設立一個SETI@home 計畫，邀請任何願意參與的人共襄盛舉，目前已經有超過五百萬人參與。你也可以上 SETI@home 網站下載軟體，用自己的電腦分析。這是分布式計算的精神，盼望利用個人電腦普及以來大量閒置的電腦運算力。只要有這個軟體，就能識別艾倫望遠鏡陣列的數據，在看似雜訊的大量數據中找尋究竟有無隱藏任何「話語」或是「呼叫」。

費米問題從反面來說，是否提示在銀河系中，我們人類，以及地球或許還是獨一無二的，再也沒有其他有技術能力的自覺生命？如果人類這麼獨特，那麼

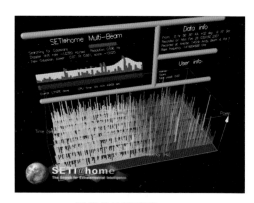

SETI@home 提供的軟體螢幕。

費米問題的延伸就是：我們這樣的生物是否能以地球為種子基地，散布至全銀河系？

這似乎與大航海時代的冒險精神遙相呼應，不過若想得出費米問題的解答，或許前方還有些嚴峻的挑戰與瓶頸。譬如三不五時就會有類似彗星撞地球的電影來提醒人類並非萬能，以及當初恐龍是怎樣滅絕的。事實上，最大的挑戰恐怕就是我們自己：恐怖活動、人為疏失、環境災難等等。人類自己正在毀滅自身居住的環境，造成第六次大滅絕，人類能夠逃脫自己這個劫數嗎？這是否也是費米問題的終極答案——物質文明勃發之後，是否都導致自我毀滅？

### Space Odyssey：人類的太空遨遊？

地球還有五十億年的壽命！不論只是純粹的外太空探索，或是擔憂人類毀滅而未雨綢繆，我們都很可能離開地球，

向外拓展。我們如果能離開地球的舒適環境，建立足以獨立生活的太空社群，就像替人類買了保險，能避免徹底滅絕。當人類想到星際旅行與殖民，我們不免投射自己的形象到這分想像中，就像科幻電影所反映的。但人類如果出發去拓殖，我們要謹記智者達爾文的提醒：

「衡諸過往的情形，我們可以有把握的推論，沒有一個現在活著的物種能將它不變的形象傳遞到遙遠的未來。」（Judging from the past, we may safely infer that not one living species will transmit its unaltered likeness to a distant futurity.）

建立一個太空生物圈自給自足，擁有能源、食物，自己產生後代，才能稱為拓殖。這是個很大卻必要的挑戰。如果仍需靠母星的生命和社群補給、維繫太空生活，人類還是免不了滅絕。這背後也有降低成本的考量。當初大航海時代，英國和荷蘭的東印度公司才是以國家為後盾的冒險家園地，而不是只靠軍艦。從大航海時代的例子，可見太空拓殖必須降低成本且有利可圖，成為支持冒險家探索的園地，才有辦法活躍發展。

人類在 1969 年七月二十日登陸月球，起自 1961 年美國甘迺迪總統（John F. Kennedy）宣示的決心：「我認為這個國家應該要致力於達到目標，就是在十年內將人送上月球，再將他平安帶回地

人類首度登上月球。

球。」其實事件的背景是 1957 年俄國在美國之前成功將一個人造衛星送上環繞地球的軌道。它所代表的意義是：俄國的彈道飛彈可以打到地球的任何地點，美國不再有兩洋的屏障，而那是核武競爭的時代。所以，美國登月的背後其實是一個超強的競賽，資源的投入並不是真實新航海時代的類比，而是一種消耗性的「軍備」競賽。

在登月前一年的 1968 年，有一部出名又出色的電影《2001 太空漫遊》（2001: A Space Odyssey）發表，由庫布里克（Stanley Kubrick）執導亞瑟・克拉克（Arthur C. Clark）的小說劇本。在特洛伊戰爭之後回返故鄉的奧德賽（Odyssey）史詩，後來被用來指稱「漫

想像中的大型太空站。

遊」：到一個個未知之地，經歷異國的世界，在這裡更把「異國」推演成「外星」世界，成就了片名使用的字眼：Space Odyssey。這部經典科幻電影做了很多、很多的推想，正確預測了許多將來的發展與藝術形式。NASA 還確實曾經構想過類似的大型太空站，藉旋轉模擬重力，即「重力」的方向是離心力的方向，甚至可以種菜、種樹，不僅僅是幻想。無論如何，1969 年人類的登陸月球激發了人類對將來的夢想。

我們如今所擁有的國際太空站還不如電影想像的磅礡，甚至不是太受好評，不過，它也不是全無價值，觀看任何太空船與太空站接軌的影片還是會不由得讚嘆其宏偉。光是組裝這個太空站，花費就上千億美金。這是以（各國）政府為主導的背景。美國原本強調用太空梭來運補，但所費不貲，而太空梭已經停用。可見依賴政府是有問題的，必須讓它漸漸變成冒險家的事業。不過這談何容易？

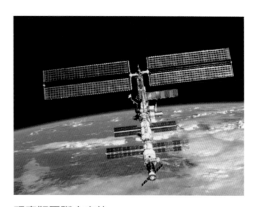

現實版國際太空站。

月球殖民想像圖。

即使能做到太空漫遊，它和建立獨立太空社群還是兩回事。近幾年送人上火星，但不帶他們回來的私人「火星一號」方案，重心擺在盡量讓人類在火星上生存下去，開拓殖民基地。但這頂多是冒險家踏出的第一步，冒險之餘，精算不足，畢竟能不能送人到火星都還被質疑。但火星確實是美、歐、俄、中、印等國太空計畫的主目標。要有能獨立生活、生存的太空社群，一個可能是先將月球的一部分綠化，創造一個月球上的生物圈。我們離這個都還太遙遠。但，人類是否有「綠化銀河」的任務與使命？

當初經過台灣，最後到達南太平洋的南島語系航海家們，也是帶著冒險家的精神出去探索，因為船離開出發地之後，可能死在大洋裡。現在的挑戰，則比當初大得多——學會了航海，人們是不是要學會航天？在外太空航天，能不能夠建立一個適合人類居住的殖民地？這離我們似乎還遙遠得很，但我們還有五十億年的時間探索。

讓我們再次回到達爾文的警語。我們一直使用人類自我中心的語言：我們要遨遊世界、太空冒險、綠化銀河、拓殖宇宙，似乎是在說人類要維持自我的族群與人性。但是達爾文在十九世紀就提供了一種宣判：根據演化論考證，幾乎沒有生命體能在漫長的演化時間尺度維持最初的形貌而不改變。屆時拓殖宇宙的，究竟會是什麼樣「超人類」的後續發展？這是個開放的問題，也突顯出另一個議題：人類，就如所有的生命，會想要保存自己。

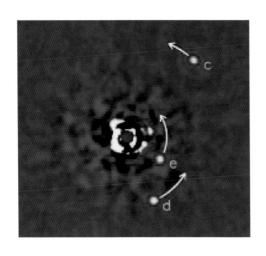

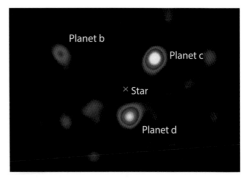

飛馬座 HR8799 行星的光學顯影與藉 Vortex Coronagraph 顯影。

## ⊙ 其他太陽系

我們已討論了藉電波偵測到波霎或中子星附近有地球大小行星，但那樣的行星大概不會有生命。不過，如果有類似我們太陽系的結構，機會就大很多。我們希望找到其他行星，不過要怎麼偵測？在這一節，我們將介紹幾個行之有年的偵測法，也將探討行星的形成。

最好就是直接顯影。上面兩張圖乍看起來有些虛幻，左圖是 2008 年以目前光學上最大的 Keck 望遠鏡得出的真實紅外線影像，利用「調適光學」（adaptive optics）來消除大氣擾動。HR8799 位在飛馬座（Pegasus），距離一百二十九光年。為了讓 b、c、d、e 四顆行星顯影出來，用光學方法將中央星的影像處理掉。右圖則是用 Vortex Coronagraph 方法消除中央星。這原本是為了讓太陽的日冕（Corona，從太陽內部噴出達百萬公里

的「火焰」）顯影，將太陽光球本體擋掉的方法。這是一個新的發展，但後面這張照片自 2010 年發布後少有討論，不知是方法有缺陷還是已作為軍事之用。總之，要真實顯影來路方長，很不容易。

### 原行星盤 proplyd

讓我們回過頭審視行星的形成。從老鷹星雲（Eagle Nebula）的塵埃雲氣中（見第 108 頁），我們可以看見紅圈中有形有體的開始。這不只是一般氣體雲，乃是裡面富含吸收性強的塵埃。圖像越黑，表示光被塵埃吸收越多。這樣「黑得發亮」的雲氣，表示裡頭可能正在形成原行星盤（protoplanetary disks，或 proplyd）。

Proplyd 的成因可能是附近的超新星爆炸，以致極強的震波通過。我們可以想像容器液體中有懸浮物，敲一下容器，

老鷹星雲。

懸浮物可能就沉澱了。這樣的雲氣受到震波通過，可能就因擾動突然「沉澱」下來，中央區域重力塌陷，藉收縮點燃內部核反應而成星球。可是，就像颱風或是銀河的形成，外面的大範圍區域原來有一定的轉動，一旦收縮，這個轉動的效應更加明顯，就形成一個盤面。而裡面的塵埃在收縮過程中形成各種大小的碎片、石塊。原來的瀰漫，一旦收縮成盤面之後，這些碎塊集中在一起，三三兩兩互撞，數量減少、顆粒變大，這個過程持續下去，這些「微行星」互相累積形成行星。

這與一百年前行星形成的理論相當不同。當時人們認為行星的形成是來自兩個星球的碰撞，在很靠近的時候拉出某些物質而凝結成行星。若如此，因為恆星之間距離極大，行星將會非常稀有。直到上世紀後半提出原行星盤的概念後，大家才轉而認為行星應該為數頗多。利用當代望遠鏡，我們可以看到雲氣內類似原行星盤的物體，如下圖右 ALMA[注3]電波望遠鏡在 2014 年拍到的環繞金牛座 HL 星周圍的影像，以及左邊哈伯太空望遠鏡深入獵戶座大星雲的光學影像。所

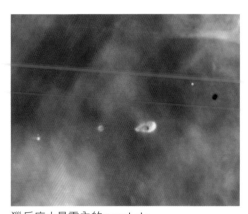

獵戶座大星雲內的 proplyd。

電波 proplyd 影像。

以，原行星盤現今已不是理論推測，而是一個可以觀測比較的現象。

### 偵測系外行星

我們現在知道行星其實很多，可是該如何偵測這些無法自體發光的星體呢？除了前文提及的波靈偵測法，都卜勒效應（視線速度法）的光譜偵測也是一法。兩位瑞士天文學家 Michel Mayor 和 Didier Queloz 在 1995 年首次運用都卜勒效應成功偵測到類似太陽星球 51 Pegasi（飛馬 51）的木星大小行星。

大家都聽過救護車或警車的鳴笛聲，當車子朝人接近，或是人坐在家裡聽，可以聽出鳴笛靠近時音調會較高，但經過後音調又會下降。救護車是鳴笛的波源，當它朝你靠近時，前面的聲波受到壓縮而遠離的時候，這個聲波又像是被拉開了。如下圖所示，靠近時頻率（波

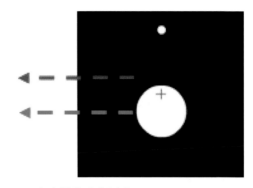

行星都卜勒效應偵測法。

長）就變高（短），而遠離時頻率（波長）就變低（長）。光波也是如此：光源朝著你來時，所發的光波會受到壓縮使得波長變短，因而與原來的波長相比偏藍；同理，光源若遠離，光波就會偏向紅光。光源速度越快，這樣的效應就越明顯，波長偏藍或偏紅就顯示了波源與觀察者的相對速度，這個效應叫做都卜勒（Doppler）效應。

請看上圖，想像圖中大的是太陽，小顆的是木星，質量約太陽的千分之一。就好比力士拉著鏈球轉動身體，最後放手將球甩出去，但就鏈球與力士的系統而言，質心是不動的，鏈球與力士都繞著共同的質心轉。力士甩鏈球，鏈球也同樣在甩力士，只是較大的力士比較接近質心，看起來好似沒有鏈球轉得快。在這裡將力士與鏈球換成太陽與木星，都繞著十字所標出的質心轉，木星轉一圈對應著太陽也轉一圈。因此藉著都卜

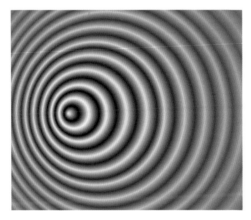

都卜勒效應。

勒效應，從太陽發射出去的光，在不同的時間朝相同方向發射其顏色就會有不同的偏向。試想像兩個球體都繞著質心順時針轉，則太陽轉到十字的六點鐘方向時，向左發出的光會偏藍一些，而轉到十二點鐘方向時，向左發出的光會偏紅一些，如兩個虛線箭頭所標示。然而木星是太陽質量的千分之一，因此若行星的軌道速度為每秒 50 公里，則恆星繞質心轉每秒只有 50 公尺，所以實際上只有稍稍偏藍或是偏紅等些微變化。

　　藉著人類掌握得最好的光譜觀測工具，兩位瑞士天文學家於 1995 年發現了 51 Pegasi 偏紅或偏藍一點的週期性變化，加上恆星大小等資訊，從而推測出有木星大小的行星及軌道距離。右圖

則是發現有五顆星，由 a-e 的 55 Cancri（巨蟹 55）的軌道：黑色標出行星 b、c 與 f 的軌道，淡藍色則標示太陽的內行星

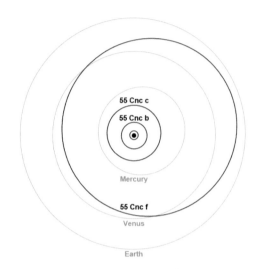

55 Cancri 行星系統。

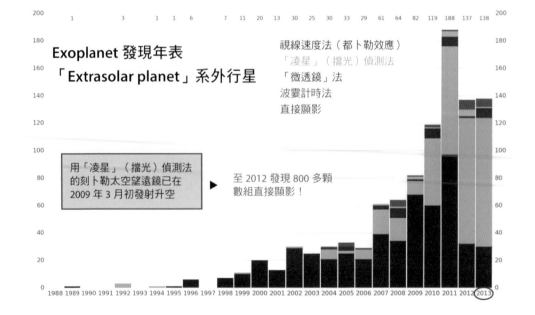

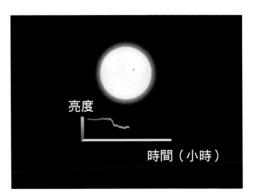

凌星／擋光偵測法。

刻卜勒太空望遠鏡。

系統。藉精密測量及計算，推論出的軌道較偏橢圓，而 55 Cancri f 位在「適居帶」。

都卜勒效應法於 1990 年代大行其道，不過自 2000 年後，「凌星」或「擋光」偵測法後來居上。我們在上面先列出一張 2012 年的系外行星發現年表，藍色是都卜勒效應或視線速度法，綠色則是凌星偵測法。自 2000 年左右開始，綠色標示的凌星偵測法漸增，2009 年三月刻卜勒（Kepler）太空望遠鏡發射升空後，自 2010 年起凌駕藍色之上。為何叫凌星偵測法？2012 年六月六日有金星凌日，你若錯過了，下次就得等到 2117 年了。金星的軌道在地球內側，有時候會進到地球與太陽之間，若正好在太陽之前將陽

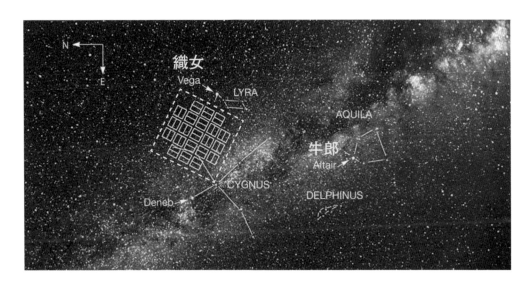

地球型行星搜尋者。

光擋掉一部分，就會看到一個黑點，從太陽的一邊走到另一邊，是為「金星凌日」。而「擋光」或「凌星」偵測法如前圖所示，是利用通過恆星之前光度會先下降一點，過一段時間又再回復。刻卜勒太空望遠鏡的發射，將系外行星的搜尋帶上新的高峰，它的觀測視野如圖（見第 111 頁）左邊黃色虛線方框所標示、位在水瓶座（Lyra）織女星 Vega 下方天鵝座（Cygnus）翅膀的區域，隔著銀河有牛郎星 Altair，以及位在銀河中的天津四 Deneb。這三顆星的英文名字都來自阿拉伯文。到 2012 年刻卜勒太空望遠鏡已發現一萬五千個行星候選者，初步估計有兩百六十二個位於「適居帶」，讓人充滿期待。

### 有其他地球嗎？

我們到相當近代才開始探究地球生命的由來，對宇宙生命的觀測也還侷限於太陽系周邊一、兩千光年之內。雖然不排除異類生命的可能，但就目前的瞭解，生命出現的最可能環境大概和我們地球類似，必須具備水與大氣變化等要素。綜上所述，我們最想尋找的是地球型行星，但不論是都卜勒效應／視線運動速度法，或是直接通過恆星前面的擋光／凌星偵測法，越大的行星越容易被偵測，因此這些方法篩選出的都是木星型行星，地球型行星在這樣的圖像中太沒分量了。刻卜勒任務用的是擋光偵測法，也受到同樣的限制。

針對地球型行星搜尋，歐洲太空署 ESA（European Space Agency）曾經規劃了愛丁頓（Eddington）任務，目的就是搜尋五十萬顆星來尋找小至火星大小的行星，不過這個計畫取消了。另一個是 NASA 的「地球型行星搜尋者」（Terrestrial Planet Finder），以五個背對太陽的太空望遠鏡觀測相同目標，藉

光學干涉將中央的主體星球亮度減弱百萬至十億倍，讓微弱的地球型行星顯影，如本節一開始所給的影像。不過這個「地球型行星搜尋者」計畫也無限期展延了，歐洲類似的達爾文任務也停頓了，大概是因技術不夠成熟、花費太高之故吧。但無論如何，人類會繼續下去。

還有個後續可期的新穎方法值得一提。前章看過用土星將太陽光擋住，讓地球在土星環之間顯現出來。新穎的 New World Mission 作法就與此相似：調控一個位在太空望遠鏡前方遠處的實體，將恆星盤面擋住，使微弱的地球型行星得以顯現，再加以觀測。這與刻卜勒任務透過行星遮擋恆星之光的凌星偵測法不同，就等待將來的發展吧。

刻卜勒任務雖然並不是尋找地球型行星的最佳辦法，但也找到了一些類地行星。2011 年十二月，刻卜勒任務發現了繞著類似太陽的星球 Kepler-22、位於下圖綠環「適居帶」（habitable zone）的系外行星 Kepler-22b，只比地球大二倍左右。適居帶[注4]基本上表示水可以在一定時間內以「液態」方式存在於星球

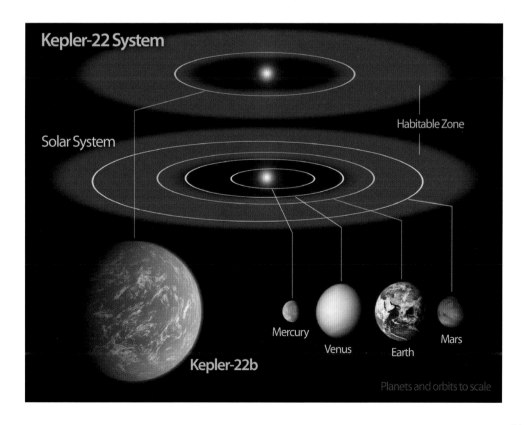

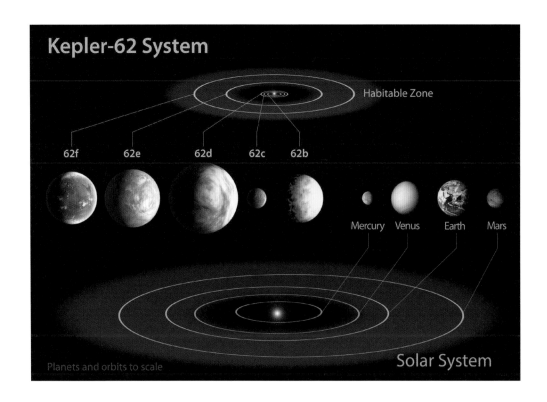

表面。

Kepler-22 圖中也依比例繪製出太陽系由水星至火星的軌道,可見金星正好在適居帶的邊緣之內。若金星軌道再稍稍遠離太陽,或許可以有生命出現;而位在適居帶的火星如果再大一些、能夠留住更多大氣,也可能會有生命。

更好的觀測系統是 2013 年四月發表的 Kepler-62。它的主星與太陽的黃光稍微不同,光線較紅、較弱,表示這個星球較小、重力較弱,因此適居帶就往內縮。我們也能以此比較星球的實體大小,坐落在適居帶的 Kepler-62f 和 62e 雖然

比地球分別大了 40% 與 60%,但非常接近類地行星。另外三顆則像我們的水星,就太靠近恆星了。其他出名的類地行星還有 Kepler-186f、296e/f、438b、440b、442b,刻卜勒任務還可能會有更新的發表。

回顧系外行星(右頁圖)的首次發現在 1992 年,人類真正偵測到太陽系外行星。而 1995 年以降,有十五年人們幾乎使用都卜勒效應,也就是視線速度法偵測;凌星偵測法/擋光偵測法則於 2007年起漸漸受到矚目;2009 年刻卜勒任務登場,造成日後系外行星數量的探索有

飛躍性的成長。

　　可惜刻卜勒太空望遠鏡定位系統的四個「飛輪」於 2012、2013 年五月相繼壞掉了兩顆，使其搜尋任務於 2013 年便暫時中止。NASA 工程師與科學家試圖將刻卜勒太空望遠鏡修復，繼續以類似但弱化的 K2 任務進行，我們就不再贅述。預計 2017 年 NASA 會再發射一個類似的 TESS 太空望遠鏡，將 Kepler 的視野增加四百倍。因此 2018 年開始又會是新的一頁，讓我們拭目以待。

注 1：這本書有中文翻譯（《地球是孤獨的》：布朗李著，方淑惠、余佳玲譯，台北：貓頭鷹出版社，2007），書中列舉各種理由，有興趣可以參考。

注 2：中國最近在貴州完成 500 米電波望遠鏡「天眼」（FAST），加入探索的行列。

注 3：ALMA（Atacama Large Millimeter Array）是位於南美智利的微波望遠鏡陣列，台灣也有參加。

注 4：這個名詞是 1959 年由華人黃授書所提出，他與楊振寧、李正道處境類似，在二次大戰後到美國留學而無法返回中國。

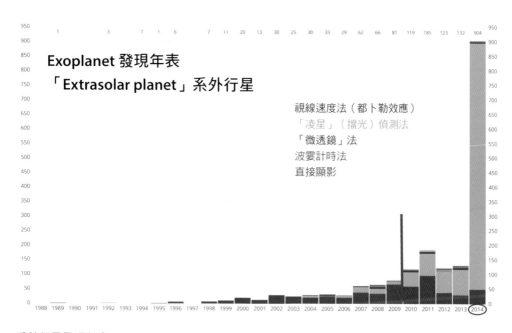

系外行星發現年表。

# Chapter 5

## 我們是星塵

謙卑，我們人在宇宙中看起來很微小；
我們能有這樣的認知是很難得的。

　　在這一章，我們討論演化、宇宙與人之間，怎麼
來看待生命。本章的核心是介紹生命的素材，包含
碳水化合物、鐵與各種微量元素，以及地熱、太陽
能源的重要性。這些是如何預備的？生命素材的來
源是什麼？

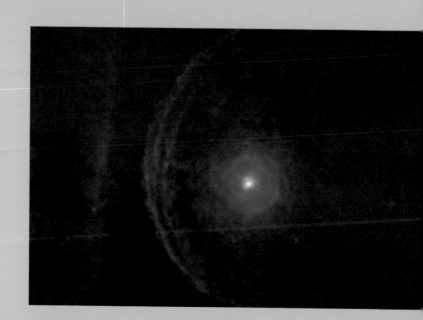

## ☉ 星星材料

星星究竟是以什麼做的？我們多半聞所未聞，或是一知半解。但當我們追問下去，了解星星的材料與如何生成供應，我們將發現，原來複雜的生命來自一齣宏偉的史詩。

你應該記得太陽的主要成分是氫與氦，氦大約佔 20%，剩下的主要是氫。但是我們是怎麼知道的？

十九世紀的孔德（Auguste Comte）哲學強調實證，若不能經由實證，一切免談。在 1842 年，人類已知道星星非常遙遠，於是孔德在他的《實證哲學教程》（*Cours de philosophie positive*）以此為例寫道：

> ……必須釐清我們對眾星所能獲致的實證知識的界限……我們必定無法探討它們的化學成分……

言猶在耳，人類的認知已再向前邁進。

夫朗和斐

## 光譜學的發展

在孔德的論述之後，光譜學有了不同的發展。紅橙黃綠藍紫的彩虹光譜是我們熟悉的，也是牛頓在十七世紀用三稜鏡將白光分離出的顏色。但下圖光譜中卻出現條碼般的暗線，這是怎麼畫上去的？我們看過 CD 片上有一環一環的緊密刻線，會閃耀出彩虹般的反光，這樣的刻線及其效應就如所謂的「光柵」，在玻璃片上刻出細密直線：因為光的波動性質，很多條線共同折射或反射，不同波長會有不同的干涉；純粹的白光可以分解出不同波長的光，若這些直線畫得越細，分解力就會越好。在十八、九世紀之交，約瑟夫‧夫朗和斐（Joseph Fraunhofer）做出最細密的光柵，發現太陽光中有些暗線，是為光譜學的濫觴，這些暗線因而被稱為「夫朗和斐線」。

人類發現太陽光譜並不是連續的，有些波長會變弱，從而開啟了一門新的學問。化學

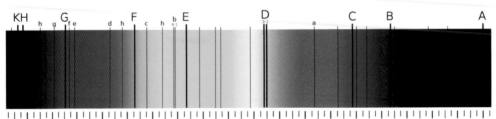

像條碼的暗線叫 Fraunhofer 譜線。

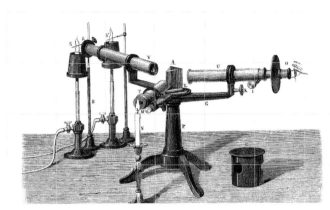

本生燈與光譜學的起源；右圖為克希荷夫及本生（右）。

家羅伯特・本生（Robert Bunsen）和物理學家古斯塔夫・克希荷夫（Gustav Kirchhoff）於 1859 年以此為基礎，以一個個元素解碼透析發射的譜線，開展出光譜學研究。中學時大家都使用過的本生燈，除了燃料外，可以再加入其他氣體一同加溫。若以光柵成像投影，特定元素會發出特定發光譜線，也就呈現出一組特定的精確顏色，如圖中黑線的倒反。

　　本生與克希荷夫的實驗室光譜實證，日後竟大大超越了孔德的「想像實證」。太陽的光球所發的光經過上方較冷的氣體，氣體中的元素吸收太陽光，使譜線減弱，就成為吸收譜線，可對應頻率完全相同的發射譜線。這些「暗線」是因為相較之下比較暗，所以看起來黑，就像是太陽黑子其實一點也不黑，只是因為比太陽表面的溫度低，輻射出的光較

弱，看起來就比較黑而已。太陽大氣中的元素將太陽光特定譜線吸收，就可以與實驗室裡檢測的光譜比對，回頭檢驗太陽的大氣成分。

　　將這個工作回歸天文學的，是「業餘」、非學院派天文學家威廉・哈金斯（William Huggins）。十八、九世紀的

哈金斯。

歐洲，天文學的發展常是有錢有閒的人出於興趣，自掏腰包從事的研究。哈金斯就是箇中翹楚，後來當上英國皇家學會會長。他以光譜證明星星和太陽成分類似，也以光譜區隔出銀河中的氣團與仙女座大星雲這樣的遙遠星系的不同。他還首次用紅位移

觀測天狼星的速度，也是在天文學運用照相術的先驅。

星星是用什麼做的？這個看似不著邊際的問題，在實驗室裡瞭解了各種元素的光譜、檢驗了太陽的譜線、採集一顆顆星球的光譜後，發現與太陽相似。實證哲學大師孔德過世後的半個世紀，是人類知識大躍進的時代，展現了實證哲學的精神，卻否證了孔德在缺乏實驗方法認知星星成分時做出的宣言。人類眼界的擴展，牽涉到方法學，有人類的睿智及工藝技術的發展、突破與應用。

## 太陽與星星的素材

那麼，太陽與星星的主要成分是什麼？這就需要透過譜線的強度探討某一元素在發射光體裡的豐富度（abundance），還要另外考慮兩個因素：原子物理的細節與發光的機制；以及對星球外層大氣溫度與結構的了解。這些都是藉反覆探討累積的科學知識。

我們從小就知道太陽的燃料是氫、主要成分是氫和氦，可是氫和氦並不是人類日常生活中的氣體。地球上主要的氫在水、碳水化合物和有機物中，我們的周遭幾乎沒有自然產生的氫和氦；氫也許相對容易產生，不過通常不會出現，而氦則幾乎沒有。從這個角度來看，我們不免要問：太陽及星星為何是以氫和氦佔壓倒性多數呢，人類又是如何知道

哈佛大學時期的佩恩。

太陽以氫和氦為主的？這個看似通俗的知識實則一點也不簡單，其主要發現者是哈佛大學第一位天文博士：瑟西莉亞·佩恩（Cecilia Payne）。當時英國大學不允許女性讀博士，佩恩便於 1923 年接受哈佛教授的邀請赴美念書。她在 1925 年的博士論文提出這個關鍵論點：「氫和氦在太陽及星星佔壓倒性多數」。

1900 年與 1905 年是量子理論的濫觴，經過 1911-1912 年原子結構的發現，於 1920 年代發展完備，足以解釋光的發射與吸收。佩恩正好跟上這個階段，將上述知識充分吸收，並應用於天文領域。人們已經知道星球外層溫度和結構，但要了解太陽的元素豐富度，探討的問題不只是吸收譜線的問題，我們在此僅能就佩恩的探索簡單介紹。

哈金斯在十九世紀已經告訴大家太陽和星星的成分一樣，佩恩則進一步藉天文與物理學的觀測推論氫與氦是其主要

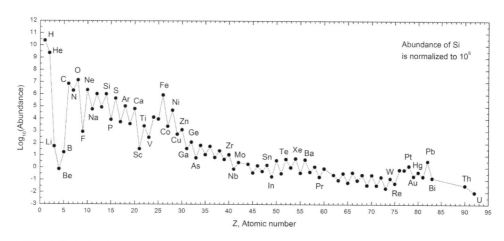

太陽元素豐富度：橫軸是原子序 Z，縱軸是對數刻度（因此氫是氧的 10 萬倍！）。

成分。但在當時，這樣的結果太不直觀，她的指導教授要求她在論文中寫下：「氫與氦的豐富度難以置信的高，幾乎可以確定不是真的。」然而，她的指導教授後來自己也提出這個觀點，在男性威權下，學界一度認為是這位指導教授的研究成果，後來才知道佩恩是原初貢獻者。在當時不夠平權的世界，佩恩雖然歷經一些波折，後來依舊當上哈佛天文系主任，在逝世之前成果獲得肯定。

佩恩作為人類的先驅，發掘太陽的組成元素是氫和氦，這些氣體在地球上稀有是因為具有極度揮發性，在地球會升上高空跑掉而無法累積，但太陽引力強大得多，就能輕鬆抓住這些氣體。可是為什麼氫和氦是主體？其他元素又如何產生，這些問題還得繼續抽絲剝繭下去。

## ⊙ 星星煉金術

為什麼氫和氦佔多數？這是關乎「生命」能源的核心議題。另一個核心問題是，碳、氧、氮和鐵是我們生存所必須，這些成分為什麼在太陽、星星及地球上存在的比例還不少？古老的煉金術（Alchemy）原本的目的是要改變元素本身——點石成金，但由其衍生的化學（Chemistry），卻不改變元素而只改變化性。但核反應可改變元素——眾星正是藉此為生命預備材料！我們得以站在這裡並有如此豐富的結構，基本條件便是各樣元素都要具備，包括許多攸關蛋白質功能運作的微量元素。

太陽質量大小的星球，到百億年左右會成為紅巨星，最後以氦閃炸掉星星外層，核心收縮成白矮星。質量較輕的星

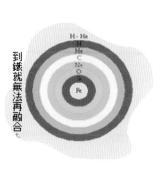

到鐵就無法再融合。

獵戶座「巨人之肩」
Betelgeuse，及其內部
構造。

球，核反應產生的氦則藉著對流跑到外層，在星球內充分混合，因此會緩慢灼燒，形成較小而色澤偏紅的紅矮星。前一章提及的 Kepler-62 就是紅矮星，比太陽小一些、紅一些。紅矮星燒得慢，在宇宙中數量最多，雖然放光不強，卻能夠存續上兆年。如果星體質量比太陽大，就燒得比較快、比較熱，因此偏藍。超過八倍太陽質量的星星，約一億年內就發生超新星爆炸了。基本上，星星越重，生命期就越短。

獵戶座的「巨人之肩」（Betelgeuse，即參宿四）就是顆又大又紅的星體。左圖是哈伯太空望遠鏡拍的照片。我們對星星的一般印象是點狀光源，可是因為這個星球實在太大，直徑約從太陽延伸到木星，約是二十倍太陽的質量。因此，即使遠在六百多光年之外，用哈伯望遠鏡一看竟是一大團，如左圖可感受哈伯的解像力。Betelgeuse，這個名字是中世紀從阿拉伯名稱翻譯錯誤而來，用英文

念起來像「金龜子汁」，有些好笑，卻是奇特的一顆星。它是一顆紅色超巨星，到目前才活了約一千萬年，預計百萬年內將超新星爆炸。在那之前，因核心重力收縮增溫導致越來越熱，如右圖洋蔥圈般層層灼燒，不但開始燒核心之外的氫，而核心內各種核反應開始進行，從氦燒到碳，再往下燒到氖、氧、矽，最終燒到鐵，核融合就不再發生。屆時離超新星爆炸就不遠了。

SN 1987A，是 1987 年觀測到的超新星爆炸事件。核心光點至 1995 年已變黯淡，但周圍一圈約兩萬年前炸出的物質，卻因超新星爆炸震波通過而開始發亮。而右頁圖（見第 123 頁）外圈的兩個環是以前爆炸的遺跡。SN 1987A 可以用來描述像獵戶座巨人之肩這樣超巨星的未來，想想挺恐怖的。六百光年的距離，如果在百萬年內發生超巨星的超新星爆炸，不知對地球有何影響？但不用擔心，應該不致命，不過是肉眼可見的超新

SN 1987A 超新星。

SN 1987A 超新星。

星爆炸而已。它將自天空膨脹，比宋仁宗時所見的蟹狀星雲超新星還要龐大顯著！

我們可以稍稍想像超巨星炸開，千年之後天空的景象。至於比 Betelgeuse 更重的星球則更不穩定。若星體質量超過

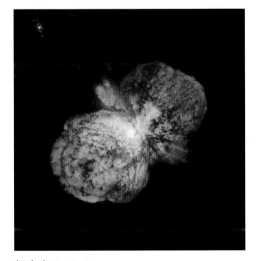

船底座 Eta Carinae。

太陽百倍，因為太熱，它會像一直咳嗽，將星體外層如吹泡泡般吹掉，例如船底座 Eta Carinae。

言歸正傳。我們已經通過核物理驗證：鐵是束縛最緊的原子核，其每單位質子或中子的束縛能是最高的，所以無法藉由正常核反應進到超鐵元素，到達鐵的層級就無法繼續灼燒。這也是為何地球核心是鐵，而不是其他的元素，而超巨星碳、氧、矽和鐵的豐富層狀結構，也是來自這樣的核子物理反應。我們的太陽主要是氫和氦，吹出來的太陽風大部分是氫，但到紅巨星階段吹出的就有氦，到氦閃階段則會釋出碳。如果星球中有各種成分的話，吹出來就是含有各種成分的星風。而超鐵元素雖然無法藉核燃燒達到，但就像一般的爆炸可產生多種複雜化合物，超新星的劇烈爆炸可提供能量給各種複雜的非平衡核反應。地球

我們只有每顆星星的「即時攝影」，所有影像都是在十分短暫的時間之內拍的。但我們觀察了整群的「星口」。試想有外星人到地球，牠／他不需要費心考察知曉人類的生活，只要放一架攝影機，看各種樣子的人通過。觀察整群的「人口」，牠／他可以很快推斷人的生命週期，並結論人是地球上最有影響力的。

我們對星球生命史的理解也是一樣。我們觀察很多星，對星球的生命過程就有了通盤的了解，並不需要觀察百萬年、億年甚至百億年。

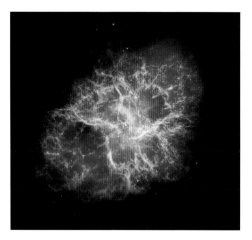

蟹狀星雲已有 11 光年大小。

目前的主要地熱來源：釷和鈾，就是在這樣的劇烈超新星爆炸過程中產生的。

我們還是沒有解釋氫和氦如何得來，將在後續章節以宇宙大爆炸的脈絡加以解釋。以上星球核子合成（Stellar Nucleosynthesis），包含核燃燒及超新星爆炸，解釋了碳以上各種元素的生成，這就是「星星煉金術」。原來我們地熱來源是超新星爆炸所鍛造出來的，之所以維持五十億年，是因為鈾的生命期差

不多是如此。太陽的重元素及地球鐵核，也是藉星球核子合成提供的。太陽裡氧原子很少，是矽的十倍，卻只有氫的十萬分之一（可參前文的豐富度圖）。你身上的某顆氧原子，可能是在某顆超新星爆炸釋出後遊蕩了幾億年，於五十億年前進入太陽系形成前的區域。試想約千年前爆炸的宋至和元年的超新星，現今已成了達十光年大小的蟹狀星雲。以此推演，它的釋出物將在一千萬年後瀰漫整個銀河系。而銀河系的漩渦結構像一個攪拌器，超新星不需要千萬年，其爆炸產物就會瀰漫於整個銀河系中了。這個歷程很不簡單，希望你能看到這生命的奇蹟，以及地球生命如何與宇宙有關聯。

我們體內除了碳水（碳、氫、氧）化合物及蛋白質之外，我們也需要鐵、鈣、磷、鉀等等其他多種微量元素，這些都是宇宙生產廠房所製造出來的。所以說，我們是星塵，或星星發光、死亡的核廢料。這樣的文字與認知早已進入通俗文

化之中，比如才女 Joni Mitchell 所寫，以 1969 年的通俗音樂盛會 Woodstock 命名的和平反（越）戰歌曲[注1]，有如下的字眼：

We are stardust, we are golden, we are billion year old carbon. And we got to get ourselves back to the garden.

這首詩歌除了「回到伊甸園」等古典（基督教）文化的意象，也反映出人類的集體意識已經體會到：我們是星塵、我們是黃金旺族，我們體內這些元素已存在數十億年，源自宏偉的史詩。

## ⊙ 宇宙定律是「親生命」的？

宇宙提供了我們身體裡眾元素的來源，而綜觀宇宙的定律，我們也驚奇地發現諸多「親生命」的趨勢。原則上，質子－質子與質子－中子（p-p，p-n）間的核吸力，以及質子－質子間的電斥力相平衡，決定了週期表的穩定元素。而 p-p，p-n 的核吸力，則來自次原子粒子夸克與膠子間更基本的作用力。但有好些奇妙的巧合！讓我們略述一二。

「霍伊爾巧合」是科學界頗負盛名卻不為一般人所知的發現，其反應是三重 $\alpha$ 核反應，$\alpha$ 即氦原子核，也就是三顆 $^4$He 燒成 $^{12}$C。這個反應好比溜冰選手跳到空中懸空轉三圈半（Triple axel），是非常困難的動作，因此 $3\alpha \rightarrow {}^{12}$C 反應不容易發生，應當進行得極慢，碳的豐富度不應該很高。可是事實卻不是如此，而是依據幾個巧合順暢運行。

請參照下圖。第一個巧合是兩顆 $^4$He 和 $^8$Be 近乎共振。鈹的主要穩定元素是 $^9$Be。$^8$Be 本身不穩定，但 $^8$Be 和兩顆 $^4$He 的質量幾乎相等，所以雖然不穩定，但卻可以藉著兩顆氦燃燒作為中介共振，

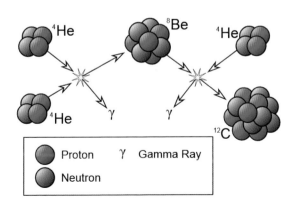

霍伊爾巧合。

猶如開啟一座通道或一扇門。這時，想將一個 $^8$Be 加上一個 $^4$He，轉變成 $^{12}$C，這道反應直觀上還是相當困難。但霍伊爾根據碳的豐富度，大膽預測必定有個 $^{12}$C 的激發態，雖然不穩定但可暫時存續。$^4$He 和 $^8$Be 與這個激發態的能量非常接近，就如調頻調到相同頻率，達到共振而到達 $^{12}$C 激發態，再釋放光子回到正常的 $^{12}$C 狀態。霍伊爾大膽預測了 $^{12}$C 激發態的共振能量，遊說他的朋友威廉・福勒（William Fowler）合作，最後成功得到實驗佐證，福勒的成果因此獲得諾貝爾物理獎，但霍伊爾卻失之交臂。霍伊爾為何未能得獎，是個懸案，大概與其個性有關。其實，質子與中子（p-n）間的核作用力強度只要改變超過 1–2%，霍伊爾的巧合就不成立了。碳在地球的生命界如此重要，卻是源自質子與中子間核作用力強度恰巧容許上述兩個共振成立，這是第一大巧合。

接下來我們討論的巧合稍微複雜、深奧一些（注2）。我們知道中子比質子略重 0.14%，但是為什麼？正是因為中子與質子的質量差不到電子質量的三倍，因此中子可以衰變為質子＋電子＋（電子）反微中子。如果電子質量增加為現在的三倍，那麼質子就可以和電子結合變成中子；或者反過來，質子比中子重，那麼質子就衰變為中子。不論是哪種可能，我們現在的氫就沒有了。在那個世界，宇宙的初始就只有中子，而中子不會衰變。也許那個世界仍舊會有氘和氚原子核，卻沒有氫原子核這樣單一的質子，到處漂浮的極具穿透力卻能輕易引發核反應的中子是非常可怕的（「中子彈」）：那不是我們熟悉的世界，雖然也許還是有生命，但是就完全不同了。

說到電子質量遠輕於質子及原子核，這裡似乎也蘊藏著老天的用意。看看右頁接近真實的氦原子圖像，核心在費米尺度（$10^{-15}$ m，或千兆分之一米）有個氦原子核，周圍瀰漫著兩顆電子。為何電子瀰漫著而呈朦朧狀態呢？這是因為電子質量很輕，量子力學的測不準原理告訴我們它瀰漫在 Ångström 大小範圍之內，成為化學鍵結的基礎。但原子核

生的代價是死，死是生的灰燼……。
星球核合成製造了生命的素材，但也產生了「死的」緻密殘餘。我們的太陽在經過紅巨星階段後，核心會崩塌成白矮星；如西元 1054 年一般的超新星爆炸，外層炸成蟹狀星雲，但核心崩塌成中子星；而超巨星在更劇烈的超新星爆炸後，核心崩塌成連光都無法逃脫的「黑洞」。這些星體將在第八章裡總體介紹。

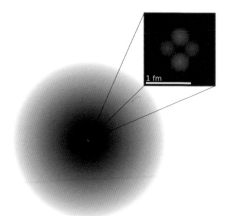

1 Å = 100,000 fm

氦原子圖像：電子瀰漫在外，原子核幾乎不動。

近乎詭辯，但著實令人驚訝。我們的宇宙太奇特了，我們的生命素材，宇宙皆以各種精巧的方法提供。原本以為乍看之下，碳的豐富度是簡單的問題，卻一點也不簡單。類似的精巧細微之處還有許多。宇宙背後似乎真有神的眷顧，好像有個看不見的奧妙思維，旨在讓生命出現。

注 1：建議聽 Crosby, Stills, Nash & Young 的版本。
注 2：這一段讀不懂不用在意，可以用來考考學物理的朋友。

因為質量大，就在核心不動，因此原子與原子間的相對位置相當精確。這個事實與圖像滿難想像的。電子的瀰漫和化學反應有關，而 DNA 之所以能維持穩定精確的結構，則與原子核不太移動有關。所以老天似乎決定：要有化學變化，所以電子是瀰漫的；也要有穩定的 DNA，所以原子核是非常濃縮、微小且恆定的。這都是構成生命的要素，是非常驚人而奇特的。

管轄宇宙的定律是「親生命的」（biophilic）！有人認為背後有個「人本原理」（Anthropic Principle），亦即：為了要人出現，因而有生命，為使生命出現，以上所有巧合都發生了。雖然這

# Part III | 宇宙

# Chapter 6

## 宇宙之大

　　宇宙——上下四方、古往今來，時間和空間隱含其中，抑或其外？人類不但發現自己懸浮在銀河系，且銀河系懸浮於浩瀚的宇宙穹蒼之中。我們訴說宇宙（Cosmos），並非旨在強調它的大而空洞，而是尋求更深遠的意義。若能真正認識宇宙，人將自然學會謙卑。然而宇宙實在太大，個中奧祕令人滿腹質疑，因此毋忘我們的核心宗旨：「追尋生命意義與價值，定位人生，塑造恢弘而謙卑的人本精神。」而生命的恢弘，是每個人自己要來拿捏的。

　　讓我們先打開電腦，戴上耳機欣賞影片：〈山〉，http://vimeo.com/22439234。這是在西非外海加那利群島三千多公尺的泰德火山（Mount Teide）上所拍攝的停格攝影，因夜景時常拍到銀河與星空的起落，展現出「在山上看宇宙，感受天人合一」的意境。請配合鋼琴配樂多欣賞幾遍，思索、思索，再往下展讀。

2.5M ℓyr (250萬光年)

銀河系（上方直視）

仙女座星系

## ⊙ 從銀河系到可見的宇宙

人類自啟蒙以來，隔了很久才體會到自身其實處於看似橫亙天空的銀河系之中，而後驀然發現，原來銀河本身就像浩瀚宇宙中的一粒沙。

我們位處銀河系懸臂之上，無法從正上方觀看我們的所在，但若斜看銀河系再加以曝光，會發現銀河系的長相大約與仙女座大星系相類。仙女座星系與我們同是本星系群的一員，與我們相距兩百五十萬光年，這距離是銀河系大小的二十五倍。星系群之上還有更大的結構如星系叢和超星系叢。星系是宇宙的主要組成，而像銀河系、仙女座大星系這樣的大型星系並不是特別普遍。為什麼星系是宇宙的主要成分？這是個大哉問，我們將在下一章得到部分解答。

### 離開地球

試想以光年為單位丈量宇宙的尺度，遠離地球觀看我們的太陽系，鏡頭漸漸拉遠，在萬分之一光年處涵蓋的範圍包含太陽、水星、金星、地球、火星等星體，

正好在木星軌道之內。太陽光抵達地球約五百秒，而一年有六萬三千多個五百秒。光走萬分之一年的距離，對人類來說其實已是大到不行。

再將鏡頭拉遠十倍到千分之一光年，就涵蓋木星、土星、天王星及海王星，而冥王星因軌道呈橢圓狀，大部分時間會在框外。如今冥王星已貶為矮行星，因為在框外還有諸多與它相似、甚至體積更大的矮行星。

你是否還記得航海家一號這個人類至今送出航行最遠的實體？它目前到達的的距離已超過五百分之一光年。下圖綠色橢圓圈所標記的位置是航海家一號於

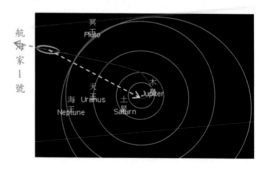

航海家一號軌道示意圖。

1990 年自 60 億公里外回首照下地球那「泛白、淡藍光點」的沙龍照。那時它已飛離冥王星軌道，當年尚未從九大行星除名。人類直接探索宇宙的範圍目前僅達千分之二光年左右，但已超越了十八、九世紀對太陽系的定義，目前航海家一號正悄悄駛入龐大的彗星儲藏庫，歐特雲。

若把鏡頭從千分之一光年大小的「太陽系」，再拉大一萬倍到十光年，終於有其他星星現身，比如距離我們約四·四光年的人馬座 α，也稱南門二，光度

和顏色都與太陽相似。不過從下圖可看到人馬座 α 旁邊更靠近太陽處還有個繞著人馬座 α 轉的小紅點，是比太陽小的紅矮星，發的光偏向紅外線。自 1915 年發現以來，科學家還看不太清楚它的移動軌跡。所以，離地球最近的是這顆四·二四光年外的人馬座 Proxima，其次才是人馬座 α 的雙星系統。

在太陽附近星星間的距離一般是好幾光年，方才提到的十光年是下圖中最小的一圈，到了第二圈則有全夜最亮的白色天狼星（Sirius），視角離獵戶

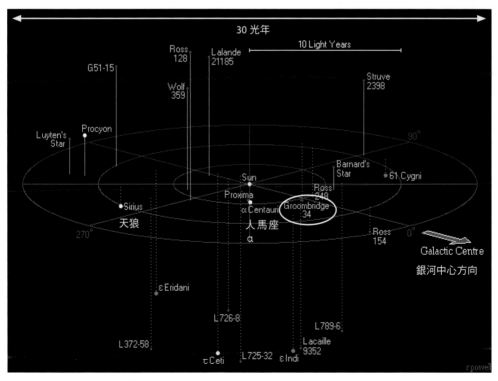

太陽周邊十五光年內星體圖。

座不遠,還有顆白星是小犬座的南河三（Procyon）,太陽和人馬座 α 的顏色則是黃色。

這張圖要這樣判讀:從側面上方看,太陽置於三個同心圓的圓心,每顆星星以色點表出,各附帶一條垂直線,盤面上方以實線連接至盤面,盤面下方則為虛線。我們以白橢圓圈起來的 Groombridge 34 紅矮星為例,它的位置是從太陽拉線到垂直虛線終止於盤面之處,再延垂直虛線到紅色的光點,如此

可找到在這十五光年半徑內每顆星相對於太陽的方位。圖中共有白星兩顆、黃星三顆、橘星三顆,其餘都是小小的紅點。由此可看出我們周遭三十光年的星體多數為紅矮星,也有不少顆星其實是雙星或三星系統,很多伴隨的紅矮星還沒畫出來。

## 銀河系

如果在太陽十光年的範圍就只有兩三顆星、三十光年有幾十顆,那麼拉大

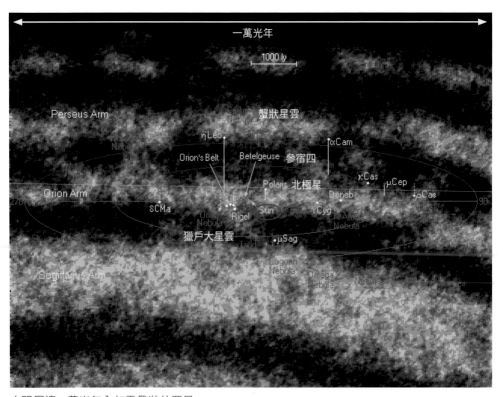

太陽周邊一萬光年內如雲帶狀的眾星。

一千倍到一萬光年的尺度，則星星多得不可勝數而呈帶狀分布，太陽則毫不起眼地僻處於獵戶旋臂（Orion Arm）的雲帶上。獵戶大星雲（Orion Nebula）這團真實的雲氣離我們不太遠，北極星亦然，蟹狀星雲則約於五千光年之外。我們於是理解像參宿四（Betelgeuse）、獵戶腰帶、參宿七（Rigel）原來都離我們並不太遠，所以獵戶座才會這麼閃耀醒目。我們附上來一張百萬年內參宿四超新星爆發時的獵戶座想像圖，屆時紅色的「巨人之肩」的爆炸將如月亮明燦。

上面雲帶般的圖給人局部片斷之感，

參宿四超新星。

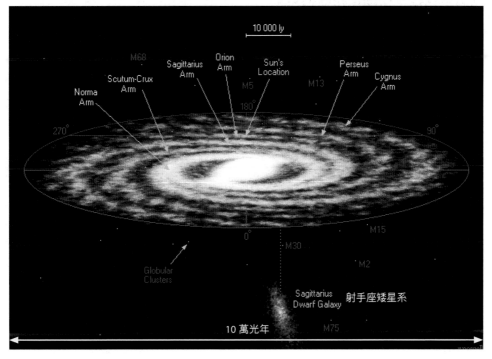

十萬光年大小的銀河系盤面。

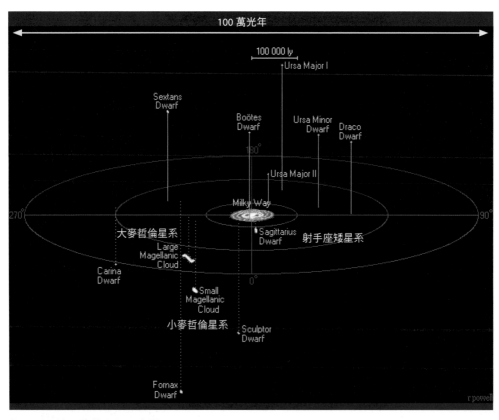

銀河系周邊一百萬光年示意圖。

如果尺度再拉大十倍，或從前頁太陽周邊三十光年範圍的圖一口氣拉大三千多倍，直至十萬光年的尺度，則可看到完整的銀河系旋臂構造。旋臂結構就像颱風，或浴缸放水時排水孔附近的漩渦，看似旋轉，而我們的太陽大約兩億五千萬年會繞銀河系一圈，可說是我們的銀河年。

在銀河下方可見的是射手座矮星系，遠離盤面還可看見一點一點的球狀星團（Globular Cluster）。從太陽看出去，仙女座星系在銀河直徑二十五倍的距離。從仙女座星系所見的銀河，與我們看她差不多。

從銀河周邊的十萬光年拉大十倍到百萬光年，除了射手座矮星系（Sagittarius Dwarf）這個好比我們小跟班的星系，比較顯眼的是大、小麥哲倫星系（Magellanic Clouds），此外還有幾個更小的各種矮星系（dwarf）。將這張圖想

像成以我們銀河系為核心的一顆球體，周遭分布著矮星系，其方位辨認的法則與前面太陽三十光年周邊圖一致。最大的兩個矮星系之所以以麥哲倫命名，反映當年麥哲倫率先繞過南美洲環球航行的大航海時代。

大麥哲倫星系距離銀河系約十六萬光年，並不特別遠。從大麥哲倫星系看銀河系應該是十分漂亮的！因為我們的銀河若和仙女座大星系亮度差不多，十六萬光年比兩百五十萬光年近了十幾倍，亮度會是距離平方的反比。也就是說，從麥哲倫星系看我們，將是我們看仙女座大星系的兩百五十倍亮，並壯闊地橫跨數十個月亮盤面！在台灣避開光害之處，其實用肉眼就可看見仙女座大星系比月亮稍大的朦朧核心了。

在人類歷史上，銀河從未被視為盤面，英文是 Milky Way，中文是河漢，是一條橫亙於天的銀色絲帶。但若從麥哲倫星系看銀河，將會看見一個盤面。打趣地說，若有足夠的耐心與長壽，再等不到四十億年，就可看到偌大的仙女座大星系橫亙在我們的夜空，正向我們款款奔來。

我們再擺上一張三十七億年後的夜空想像圖，或許能撩起你對仙女撲懷的遐思。

三十七億年後的星空。

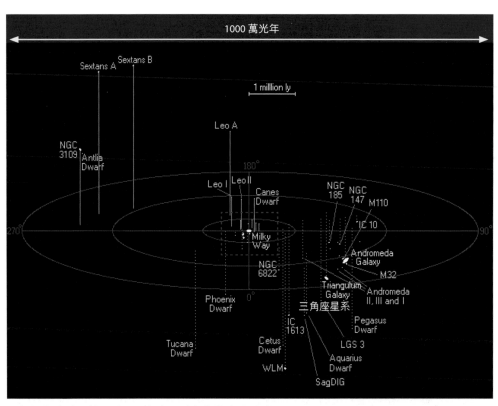

以仙女座星系、銀河系、三角座星系為主的本星系群。

## 本星系群到本超星系叢

讓我們將尺度再放大，到一千萬光年的尺度，終於看到「本星系群」（Local Group），前一張圖只是中央以紅色虛線框出的一小塊。本星系群有三個主體，仙女座星系、銀河系和三角座星系（Triangulum Galaxy），這三個星系從遠方看相對會比較耀眼，旁邊尚有一些矮星系漂浮著，看起來會類似我們看飛馬座 Pegasus 群的情景。這就是一千萬光

Pegasus 群。

年內「我們的居所」。我們身處的銀河系，只不過是一個斑點，真正的主體其實是一團黑，there is really nothing out there！

再拉大二十倍到兩億光年（下圖）直徑的範圍，便涵蓋「本超星系叢」（Local Supercluster）。這裡每個小光點都是比較大的星系，彼此以重力互相牽引，而有些進一步的叢集現象，其中最大的星系叢是「室女座星系叢」（Virgo Cluster），是同名超星系叢的主體。此時再回頭看本星系群（紅色虛線框），真是平淡、貧乏又空蕩，沒什麼叢集的現象。

室女座星系叢則十分熱鬧，共有一、兩千個星系，包括著名的 M87。若身處此星系叢看向四周，仙女座大星系般的星系將比比皆是！另外兩個較大的星系叢則是 Fornax 和 Eridanus 星系叢。在這個超星系叢結構中，可以看到星系間沒有太多的結構關聯。

## 十億光年以上的宇宙

繼續將眼光向外拉到十億光年直徑，雖然分布大致說是任意、均勻的，但還是有些特殊的真實結構，例如二維的

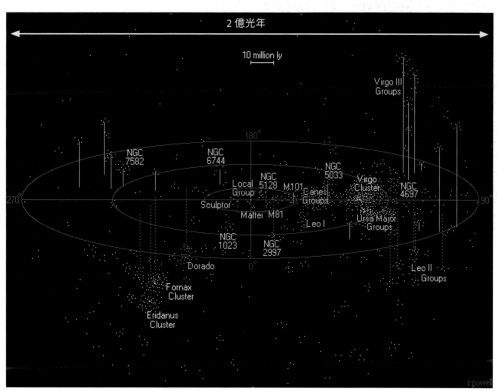

以室女（Virgo）座、Fornax 及 Eridanus 星系叢為主的本超星系叢。

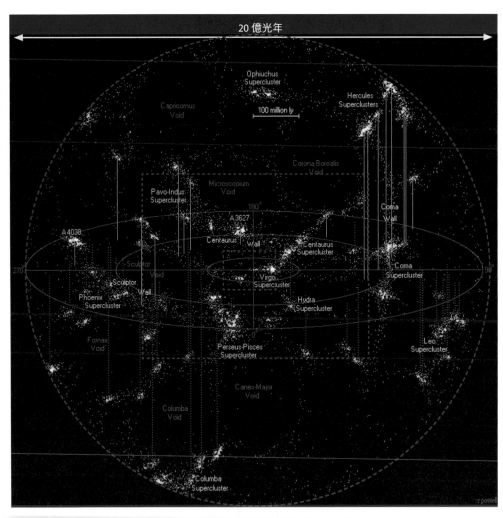

二十億光年範圍內明顯的牆、腔、絲結構，最小的框涵蓋本超星系叢。

「牆」（Walls），好像空洞、泡泡一般的「腔」（Voids），或如淡化的牆一般的「絲」（Filaments）狀物，都以星系為其基本組成。再拉大到二十億光年的直徑，剛剛的牆、腔、絲結構大體維持著一樣，牆和絲已經沒有明顯分別，結構越來越明顯。

　　回頭審視室女座超星系叢，也就是左圖中心最小的虛線框範圍，可以發現「超星系叢」是個局部看似存在的結構假象，其實並不夠真實，比如主體的室女座星系叢不過是在牆、腔、絲這些結構中較為匯集的一塊。所以我們在幾億光年以上所見的宇宙，就像是將某個洗碗槽的水放乾，槽底留存許多泡泡的樣子，只不過在這裡是三維空間。

　　宇宙有一百三十八億歲，也就是從下圖十億光年半徑紅色虛線圈再拉大十四倍，就是我們今日的可見宇宙。我們常以人為本位、自我中心地說「我們所在的宇宙」，也曾以為太陽繞著地球，後來發現原來是地球繞著太陽；我們以為自己很特殊，後來發現自己在銀河系中一個不起眼的旋臂上，而銀河系又在一個不起眼的本星系群裡，而我們所在的超星系叢也並不「超」，只是個很單純的區域結構。因此，我們在宇宙中的定位，還需要更多的探索與思考！

　　在此順帶引入一個新概念：「宇宙在大尺度是均勻的」。在兩、三億光年半徑的觀察就發現牆、腔、絲構造出現，幾億光年、十億光年乃至一百億光年等大尺度，都是這種結構的延續，不再有新的結構出現。這就是我們現在看到的宇宙。這樣的看法，完全是二十世紀之後的發展。

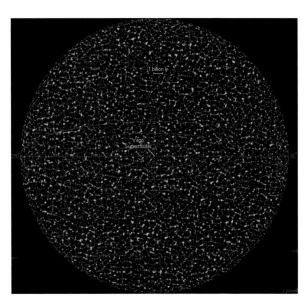

一百三十八億光年內的可見宇宙。

愛因斯坦在威爾遜山天文台，背後是哈伯。

威爾遜山天文台 100 吋虎克望遠鏡。

## 發現宇宙

人類是遲至二十世紀才發現「宇宙」的！

*The Day We Found the Universe*（《發現宇宙的那日》），說了這樣的故事，書的封面是張很棒的照片，因版權緣故我們無法在此使用。照片中的愛因斯坦和藹可親，其他的人物至今已無足輕重，但在老愛身後一個小矮子頭上又冒出一個被遮住下顎的男子，便是當今宇宙圖像的發現者：哈伯。那是 1931 年左右，老愛造訪威爾遜山天文台，終於被說服宇宙正在膨脹的事實，其實乃是他的廣義相對論所預示的。我們在此附上一張稍晚的照片，哈伯坐在老愛身後，或者更能突顯他的貢獻。

哈伯原本遵照父志念法律，但在父親過世後毅然投入熱愛的天文學。在拿到芝加哥大學博士後，他旋即獻身美國剛加入的歐戰，戰事一結束便受威爾遜山天文台之邀投入天文觀測的工作，終其一生，他都待在威爾遜山天文台。

哈伯成就非凡[注1]。他利用當時最大的 100 吋虎克望遠鏡觀測仙女座與三角座等星雲，測量出它們距離遙遠[注2]，不可能在我們的銀河系之內，而是如銀河系的星系，從而證實康德在 1755 年推測的「島宇宙」構想。這個 1920 年代初的工作改變了當時仍認為銀河系就是宇

宙的主流認知，奠定了「銀河只是眾星系之一，星系是大尺度宇宙的主要成分」的重要認知。

掌握了許多星雲乃是星系的認知，又擁有虎克望遠鏡這項利器，哈伯繼續觀測眾多星系的距離與紅位移，做出更驚世的發現：紅位移與距離成正比，也就是越遠的星系飛離我們越快，宇宙正在膨脹，是為哈伯定律。這個宇宙膨脹的現象，也預告了宇宙的巨大。

現代智人二十萬年前演化出現以來，近代科學才四、五百年，而近代物理發展僅一百多年。愛因斯坦做出物理學最高的洞察，推敲出能夠描述大尺度宇宙的廣義相對論。但作為沉思者的典範，他本人也無法光憑想像就知道宇宙的樣

哈伯。

貌，因為宇宙中的物質與能量在愛因斯坦方程式的「右邊」，決定了愛因斯坦方程式左邊宇宙的幾何與結構。哈伯則是探索者的先鋒，最佳的觀測發現者。

上方照片裡的哈伯手上拿著仙女座大星系的圖像，表情略顯惆悵。雖然哈伯的發現乃是人類眼界的全面擴展，但天

在此也順勢說明一下我們早已看慣了的「宇宙」、即 Universe 這個字。這個字的來源 Universum，和 University 源自 Universus 是同一個字根，有「歸向於一」的意味，也就是拉丁文的 unus（「一」）加上 versus（「轉化」）即 Univesitas，也就是「全都歸向一」。西方人自中世紀開始用「University」來標示大學，也就是「所有的知識、學問歸向於一」，這和我們今日用的 Universe 雖有不同，但我們也能從而理解台灣大學故校長傅斯年先生所說的：「將這所大學奉獻於宇宙的精神！」

這句話的真實寓意和用心。「宇宙的精神」根據的是哲學家斯賓諾莎（Spinoza）的說法，多少可以比喻成「創造宇宙的神」，一種泛自然神論的用語，乃是有活動力而不是被動或靜止的。看到大學和宇宙是同一個字根，回想中世紀以來對宇宙的探索，和這一脈相承的哲學思維，可以回來想想今日的大學的定位應該是什麼？而讀大學最終目的是為了什麼？若所有的知識歸向於一的話，大學就不該只是個專業殿堂，而應該要得到全人教育。透過這本書，我們希望一方面看到宇宙之大，另一方面看見人性本質的渴望與追求。

文觀測在當時並未被諾貝爾委員會視為物理學的一部分。哈伯希望諾貝爾委員會可以改變方針，但在他 1953 年辭世之前依然未能如願。如今風水輪流轉，宇宙學被承認與物理學是息息相關，而觀測大尺度宇宙的後繼者也分別獲得 1978、2006 及 2011 年諾貝爾獎的肯定。

## ⊙ 大尺度結構與宇宙膨脹

面對宇宙，思考愛因斯坦的話：「宇宙最難理解之處，就是它是可理解的。」宇宙學之所以是可理解的，乃是因為我們的宇宙像大洋的表面，而非高山的地形。隨著尺度增加，直到一、兩億光年之內，我們看見不同的景象出現，像是海上的人或船，或島嶼。但到了夠遠之後，如同看著大洋一樣，只有均勻的波浪。從飛機上的高空鳥瞰，洋面的波浪還挺像是百億光年內的宇宙。但在一個類似山區地形、全然隨機的宇宙，遠方區域可以全然迥異於我們附近的任何地帶，正如「孔子登東山而小魯，登泰山而小天下」。

我們在此進一步談談宇宙膨脹以及背後的哈伯定律，但先讓我們回頭檢視前文那張可見全宇宙圖：這其實是個假想圖。我們如何推斷宇宙大概是這般樣貌而沒有新的結構呢？靠的是統計抽樣，且讓我們稍做說明。

自 1997 年起共約五年的時間，「二

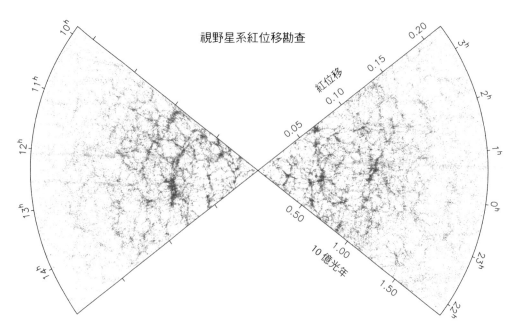

視野星系紅位移勘查

度視野星系紅位移勘查」（2dF Galaxy Redshift Survey）計畫運用 3.9 米的英 - 澳（Anglo-Australian）望遠鏡加上一個二度視野（2 degree field，即 2dF）裝置，每次以二度張角的廣角觀測、長期曝光，勘查遠方星系的紅位移。地球二十四小時轉一圈，因此每 15 度定為一「時」，而勘查的範圍從天球所謂的三・五時到二十二時以及對反一邊的十時到十五時的角度範圍，（以及各十來度的厚度範圍。實際的工作是每兩度之內曝光拍照，找出這個視野範圍內的星系，再依既定的曝光度勘查到二十五億光年距離的星系紅位移。勘查的平面投影結果如左圖所示，點出來的是星系密度。右邊下方的十億光年尺度告訴我們這個勘查可達二十億光年遠，並能清楚感知牆與腔的結構，但大體結構分布均勻，因此宇宙在幾十億光年的大尺度下基本上是平整的。而圖中越遠顏色越淡，則是星系亮度隨距離減弱的結果。

現今還有個規模更深廣的「史隆數位巡天勘查」（Sloan Digital Sky Survey, SDSS）正在進行。不過截至目前，我們所觀察的視野仍然只切出非常小的一塊，還只是全天空極其窄淺小有限的範圍，這也是為何一百三十八億光年半徑的可見全宇宙圖終究仍只是個假想——我們的所知仍是相當有限。

## 哈伯深景

我們還能透過哪些方式瞭解宇宙？還有個有趣的勘查方式：哈伯深景（Hubble Deep Field）。哈伯太空望遠鏡有兩個奇特之處：一是至今仍未除役，是太空望遠鏡中的異數；一是哈伯送上太空後才發現它有「近視」，靠著太空梭補送一個矯正鏡片才成就日後無數漂亮的圖像。

下頁兩張深景圖於 1996 年和 1998 年拍攝，遠離銀河方位，目的是遠望宇宙起初之星系，其中第二圖的 Hubble Deep Field South 表示是在南半球方向所拍攝（見第 144 頁）。圖像中央有十字光芒的必是一顆星星，因而出現了點光源的光學現象。因為視野極小，除了幾顆星之外，其他都是有形狀及大小的星系，可進一步測量其光譜與紅位移等等。將這些星系做一統計分析，在大景深範圍內沒有分布上的統計差別。而這兩張深景圖取景方向可說是任意的，這就給我們一定的把握：宇宙在大尺度分布是均勻的。若非如此，宇宙乃是有「高山、深谷、沙漠及海洋」等不均勻分布，那稍稍調個鏡頭就該發現完全不同的景色了！

讓我們再回頭看一下前頁的 2dF 紅位移勘查圖。圖裡除了右下方以十億光年計距離的刻度，另一是右上方勘查主目標的紅位移（Redshift）測量刻度。從這個圖上下對照，紅位移和距離有一對

哈伯深景（左）與哈伯深景－南，兩張長期曝光照。

一的線性刻度轉換！也就是紅位移與距離成正比，正是哈伯 1929 年所發現的星系紅位移與距離呈線性關係的「哈伯定律」。這並不是人類所能定義的，而是光源遠離我們的速度[注3]與光源的距離成正比。星系越遠離我們，飛離得越快。

在 2003 年底，哈伯太空望遠鏡用了五天總曝光量拍攝如右頁圖的「哈伯超深景」，目的是為了回看到一百三十二億光年外，期望捕捉最古早的星系。之後還增加儀器與拍攝時間，補強了紫外線與紅外線頻譜的部分。在這張月亮盤面百分之一的圖片中有超過一萬個星系，那些小小、紅紅的星系，可以一直回溯到宇宙起初十億年星系剛形成的時期。

那是一百三十億年前發出的星光吶！而那些大大、白亮而不紅的星系，則多半靠近我們。

哈伯發現各星系之間互相遠離，越遠就跑得越快，這是人類從來不知道的事情。經過多年的清楚驗證，已是人類觀察到的宇宙定律。這在後面講解暗能量與愛因斯坦宇宙常數時會進一步討論。而我們在前面則已描述過，聰明如老愛本人也是因哈伯定律的觀測結果，才接受他的廣義相對論其實預測了宇宙膨脹。

藉哈伯定律的認知突破，讓人類理解到宇宙由大爆炸產生。各星系互相遠離，宛如星系正各自飛馳。但或許更真確的想法是，眾星系間距離龐大，當光在跑

哈伯超深景，涵蓋紫外到紅外線的全頻譜範圍，張角約月亮 1/10。

的時候，整個空間框架也隨之擴展，宇宙的空間隨之膨脹。現在所見最遠的星系，其實正以幾近光速地飛離我們。能使一個星球、星系以接近光速移動，聽來多麼不可思議！

### 我們並不是在宇宙的中央！

請注意：眾星系都遠離我們而去，但這現象並不表示我們就在宇宙的中央，更不代表我們在宇宙中地位特殊。試想像所有星系都以竿子相連成空間的網格，如果竿子都以相同比例伸長，則任何三根竿子組成的三角形都會維持形狀不變，那麼任何星系的觀察者都將看到相同的擴展方式，沒有誰比誰更佔優勢。在十億、幾十億光年之外的觀察者，所見的會是和我們相同的哈伯定律，這些觀察者都會乍然以為自己是在宇宙的中央，但哈伯定律並不包含這點。其實可說是空間自己拉著眾星系一起在擴展。正因宇宙時空在膨脹，才導致我們觀測出星系快速跑動的景象。可以想像一顆氣球表面上放著幾隻螞蟻，或想像氣球上標註著一些小點，若用力吹氣，則氣球膨

脹之下表面兩點的距離就會增加，而氣球上的螞蟻也會覺得另一隻螞蟻彷彿遠去。但對吹氣的人而言，除了吹氣的這一點，其他的點都同等向外膨脹，並沒有所謂的「中央」。這個二維表面的比喻也可以類推至宇宙的三維空間。

倒轉或「倒帶」的現象則更有趣，也幫助我們理解。距離我們一百億光年的星系飛離我們的速度很快，五十億光年飛離的速度慢一倍，十億的又再慢五倍。若把時間倒轉（影片倒帶），則百億光年之外的星系要跑更遠的距離才與我們相遇。依此類推，紅位移與距離成正比，則倒轉時間使遠方不同距離的星系都飛回來，似乎會一齊回到同一點。這也就表示宇宙是從同一點飛出去的！至此，你是否察覺哈伯定律的奧妙？哈伯定律的線性或正比例關係預示了宇宙起自一

個時空的起點，然而任一星系都可以宣稱自己來自宇宙最初的點，都會乍認自己是宇宙的中央，最後體認到中央的概念其實是子虛烏有。

看看前面照片中哈伯惆悵的臉色，背後竟有這麼偉大的情事——時空回到一點、起自一點，這是關乎宇宙的物理學的舞台啊！可惜保守的諾貝爾委員會袞袞諸公在當時卻不為所動。但人類能有這樣的認知，「我們並不是在宇宙的中央」，但「宇宙有一個起點」是多大的突破！

## ⊙ 望遠鏡：在地與在天

工欲善其事，必先利其器，所言甚是。

人類自古都是以肉眼觀天，但伽利略於 1609 年首先使用望遠鏡，帶領人類發現了木星有衛星系統，距今已四百年。

夏威夷 Keck 天文台一對 10 米望遠鏡。

從伽利略至赫歇爾的大型望遠鏡，到十九世紀照相術的發展，人類的眼界不斷拓展。直至哈伯用了 2.5 米的 Hooker 望遠鏡終於有了更深刻驚奇的發現：宇宙由大爆炸產生，且不斷地膨脹。

望遠鏡一方面像人眼的復刻，以稜鏡或反射鏡聚焦成像、進行數據處理，藉攝影或數位儲存為記憶；另一方面，它又是人眼的延展，好比近視的人戴上矯正鏡片、擴大口徑增加集光力，可以看得又遠又明，真是有趣！是望遠鏡的不斷進步與相關技術的發展使人對自身所處的宇宙越發了解。

Hooker 望遠鏡的建造至今也已百年，目前地面最大口徑的光學望遠鏡乃是在夏威夷 Mauna Kea 山頂 4,145 公尺處的一對 10 米 Keck 望遠鏡。日本也在附近建了一座 8.3 米的すばる望遠鏡，すばる的讀音是 subaru，意思是「昴」、也就是七仙女星團。閃亮的昴星團肉眼可見，十分漂亮，是群彼此靠近的藍色星星，像一串閃閃發光的首飾，日本人十分喜愛。すばる天文台建在 4,139 公尺，離 Keck 天文台很近。歐洲也不遑多讓，在南半球的智利沙漠 2,635 公尺的山裡，建了四個 8 米的 VLT 望遠鏡，這就是我們圖片常提到的 ESO（European Southern Observatory），即歐南天文台。近幾年的大事則是夏威夷州政府批准新 30 米望遠鏡（TMT）計畫之土地使用，不過卻引發了原住民的抗爭。

這幾個天文台的建造地點氣流穩定而乾燥，都是公認的極佳天文觀測點。除了鏡頭口徑變大外，還有一個新發展的利器是所謂的調適光學，藉由在觀測方向發射一道雷射光，可用以修正大氣擾動，否則口徑大也無用武之地。另外在曝光與影像儲存技術方面，貝爾實驗室在 1969 年發明半導體元件 CCD（Charge Coupled Device），取代了照相底片，現今大家都是跟著畫素攝影機長大，連手機都有強大攝像功能。CCD 的靈敏度比一般底片高很多，因 CCD 對人類器物文明的貢獻，獲得 2009 年諾貝爾物理獎。它的確讓天文觀測如虎添翼。

## 太空望遠鏡

哈伯太空望遠鏡提供了無數漂亮照片，一向是 NASA 最好的文宣使者，也是科普教育與新聞報導的常客。未來將有口徑 6.5 米的韋伯太空望遠鏡（JWST，James Webb Space Telescope）取代哈伯，目前預計 2018 年升空。這類大型太空計畫常因經費預算因素或技術問題遭遇困難而導致延宕。在全球金融危機之後的 2011 年，美國國會砍了 NASA 的預算，差點使韋伯望遠鏡無以為繼！從下頁圖可見韋伯的構造特殊，和哈伯十分不同：一片片的長形結構是遮陽板，片狀是為了減輕重量與便於摺疊，反面

6.5 米口徑的韋伯太空望遠鏡示意圖。

則有處理器和太陽能板。

　　這類的望遠鏡近來通常放到所謂的拉格朗日點（Lagrangian Point）L2 的位置。拉格朗日點是太陽與地球引力平衡的點，隨著地球的繞日公轉，該點與日、地相對位置不變。而 L2 點的特殊處，是在該點背對著地球就是背對著太陽。因此位於 L2 的望遠鏡在背對太陽與地球的方向，可以方便擺上擋光板而不必煩惱擾人的陽光，在一年中可以隨地球公轉將全天空都看遍。

　　2009 年歐洲太空中心 ESA 發射兩個太空望遠鏡，也都放在 L2，我們順帶介紹：一是 Herschel，紀念繼往開來的大

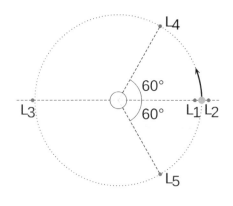

拉格朗日點。

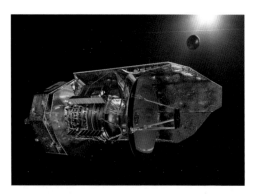

放在 L2 的赫歇爾望遠鏡示意圖，遠方為地球與太陽。

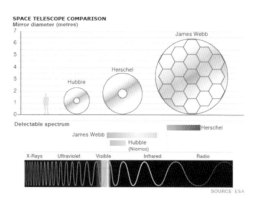

哈伯、赫歇爾與韋伯望遠鏡之口徑與涵蓋波段。

天文學家赫歇爾，另一則是 Planck，紀念量子論之父普朗克，我們於稍後章節再細談。上面的示意圖，可以看到太陽、地球和位在 L2 的赫歇爾望遠鏡連成一線，它背上背著一個看似厚重的整片擋光板，讓望遠鏡躲在背後。就像哈伯，赫歇爾望遠鏡是反射式設計，偵測範圍在遠紅外線，如右圖光譜波段所示。

從圖中我們可看到赫歇爾望遠鏡直徑是 3.5 米，比哈伯的 2 米出頭稍大一些，兩者都是單片反射鏡片，設計相對簡單。但韋伯望遠鏡的 6.5 米口徑是個挑戰：這些大型望遠鏡鏡片的重量造成自身的扭曲，還得考慮送上太空過程中的等效重力與強烈震動。韋伯望遠鏡並不是單片鏡面，乃是由每片近 1 米的多片六角形弧面鏡片組成，它的波段涵蓋哈伯的範圍，一直延伸到紅外線，但不包含遠紅外線。

將 3.5 米直徑的赫歇爾望遠鏡酬載送到太空，用的火箭有 5 米直徑。因此可以想像要把韋伯望遠鏡送上太空，它的火箭應該要多大呢？火箭越大，就越不容易發射升空。在沒有更大的載具的情況下，韋伯望遠鏡就需要特殊且有創意的設計了！它不能像是赫歇爾望遠鏡背一整片的擋光「盔甲」，而是要一片一片組裝出擋光板。前述的六角形鏡片等諸多設計都是基於送上太空的考量，乃是可摺疊的。

## 大氣層：我們頭頂的防護罩

是否想過：為什麼人類要發射火箭載望遠鏡到大氣之上？

我們常稱的「可見光」，背後藏著幾許奧祕。我們的太陽光偏黃色，屬於可見光的範圍，而可見光是一般化學反應最主要的能量範圍。比可見光波長長的

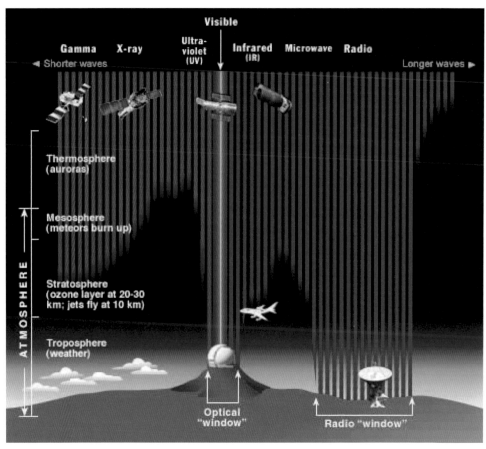

只有可見光與無線電波可穿透大氣，到達地表。

紅外線，能量通常不足以引發化學反應，而比可見光波長短的紫外線，則化學活性太強，譬如我們都知道高日照的大晴天要防紫外線，還有即使上高山也需防曬的常識。有趣的是，地球的大氣正好容許可見光穿透，到達地表，而從電波到伽瑪射線等其他的光多半會被我們的大氣所吸收，不會穿透到達地表。在微

波與超長電波之間，倒有另一個波段的無線電波可以到達地面。十九世紀以來，人類對電波的掌握最為嫻熟，這也是為何電波接收站、通訊衛星等設備如此發達，但另一根本的原因則是無線電波在大氣中的穿透力。

試想：正是到達地表的可見光被植物藉葉綠素轉換成能源；也正是地表充沛

的「可見光」，促成動物眼睛的演化，用「看」作為增強生存競爭力的手段，而「看」再逆推回來便是我們稱此波段的光線為「可見光」的理由。原本基於生存競爭發展出的「看」的能力刺激了動物腦部的發展，腦部發達後，竟然成為人類探索與瞭解自然的利器，甚至遠眺回宇宙之起初。

再往另一方面想：高空的大氣有機制形成臭氧層，過濾紫外線，我們才得以在地表活動而不會死於皮膚癌；大氣層不僅提供賴以呼吸的空氣，還提供了保護，隔開X射線、伽瑪射線以及宇宙線等外太空輻射線，否則我們難以存活。但是可見光卻能穿透大氣層，使生物界獲得能量。我們頭頂的防護罩真是太重要了，多該心存感恩啊！

但就望遠鏡而言，多半的「光」線無法穿透大氣層，因而無法用於觀測，這是為什麼原本的望遠鏡都以光學、也就是可見光為主。二次大戰之後，雷達與電波技術發達，遂有電波望遠鏡的發展，也是藉著二戰的刺激，人類發展出火箭技術。既然地表看不見X射線與伽瑪射線，人們便透過發射火箭發展出X光望遠鏡，最終做成人造衛星的X射線望遠鏡，如錢卓拉（Chandra）X光太空望遠鏡。時至近代，人類甚至製成伽瑪射線偵測器發射升空為衛星，如費米（Fermi-LAT，LAT意為大面積望遠鏡）

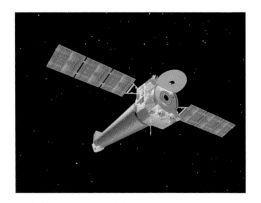

錢卓拉X光太空望遠鏡。

Fermi-LAT 伽瑪射線太空望遠鏡。

伽瑪射線太空望遠鏡。X光望遠鏡還保有望遠鏡的樣貌，但伽瑪射線望遠鏡根本只是個粒子物理偵測器，已經看不出望遠鏡的雛型了。兩張照片中像翅膀的

側翼都是太空望遠鏡的太陽能板。此外，地球的大氣擾動和散射也造成一般光學望遠鏡的天生限制，使星光到達地表前受到擾動而有「一閃一閃亮晶晶」、難以清晰成像<sup>(注4)</sup>的問題。這也是為何人類也製作如哈伯與韋伯的太空望遠鏡。從哈伯拍攝照片之漂亮，證明值回票價。

星星原來的氫是從哪來的？銀河是如何有的？為何宇宙是由這些幾萬光年大小的星系組成？我們有好多、好多問題。而人類手上有了各種工具，就讓我們遠眺過去，回探宇宙起初幾分鐘、那比哈伯超深景更古遠的過去。注意到了嗎？人類探尋的宇宙乃是時空，向遠方前進，就是回溯遙遠的過去。

注1：除了哈伯的個人素質外，他也是「對的人在對的時空點」的佳例。我們就簡單舉他的兩位同樣傳奇的貴人。一位是喬治‧黑爾（George E. Hale），他建造了虎克望遠鏡，並以台長的身分邀請哈伯到威爾遜山天文台，也是知名的太陽學家。另一位是哈伯的得力助手，彌爾頓‧休馬森（Milton L. Humason）。他 14 歲輟學，流連於威爾遜山一帶，在天文台興建時，先加入做搬運建材的驟隊驅趕手，再做天文台清潔工兼門警，最後當上夜間助理，得黑爾賞識獲正式聘任，最終成為最幹練的觀測員、也是哈伯的合作者，對哈伯的研究功不可沒。

注2：用「造父變星」方法測量，在此就不多介紹。

注3：你若忘了，都卜勒效應是大家熟悉的救護車、消防車鳴笛經過時音調的變高變低。對光波而言，就是頻率變高變低，也就是波長偏藍或偏紅，因此飛離的光源其譜線會（向）「紅位移」。

注4：一般星星是點光源，只要光線路徑上有些許的大氣擾動變化，光線就會偏折因而造成閃爍。但如木星般有個盤面，因而等價於有許多道光線的不同路徑，集合起來就幾乎不會閃爍，這是行星看似不閃爍的道理。

# Chapter 7

## 回探起初

　　一切——組成現在宇宙眾星系的所有東西——都曾是一團比太陽核心還要熱得多的壓縮氣體。宇宙膨脹冷卻且稀釋了背景輻射，並把它的波長給拉長了。來自起初的熱——創造的餘暉——仍舊圍繞：充盈整個因膨脹而生發的太空，而且無處可去！探討星系之前的宇宙，回到熾熱的開端，也告訴我們氫、氦、氘如何在大爆炸之後的宇宙初始迅速誕生。

　　對於宇宙初始的探討也揭曉了更驚人的發現：我們看不見的「暗物質」充斥宇宙，遠多於構成你我的物質！在本章，我們將討論暗物質的重力效應如何導致宇宙大結構與星系形成，以及物理學家如何升天入地搜尋暗物質粒子。而宇宙初始出奇平滑，也讓我們驚異於大爆炸理論的可信度。

## ⊙ 大爆炸 The Big Bang

第一顆星尚未形成之前的世界是如何？且讓我們回探那熾熱的開端。

1929 年證實「紅位移與距離成正比」的哈伯定律，讓人類認知到各星系互相遠離，且距離越遠，速度越快，因此宇宙正在膨脹。但在哈伯藉 100 吋望遠鏡的觀測歸納出這道定律前，比利時神父、物理學教授勒梅特（Georges Lemaître）便已提出大爆炸的想法，也構成人類拓展認知史詩的一環。

不過大爆炸還牽引出另一個大哉問：若宇宙是大爆炸產生的，將宇宙膨脹倒推回去直至某個起點，那麼在這個點之前是什麼呢？這就是所謂的「奇異點」（Singularity）問題：假定時空都不存在，或物理定律都不成立，那又何謂「之前」？另外，「黑洞之內是不是有個奇異點？」、「奇異點是真實的、不可避免的嗎？」這些問題都令物理學家左右為難，如果連物理定律都不成立，無所依傍，該如何繼續討論呢？另一個尷尬之處則是勒梅特的神父身分，他聲稱宇宙起初是大爆炸，但聖經的第一句話就是：「起初神創造天地」。莫非羅馬教廷的特務潛入比利時魯汶大學，戴上物理教授的假面而後宣告宇宙由大爆炸產生，是有起始點的呢？但是最終哈伯的觀測一錘定音，大爆炸理論最終成為人類跨時代的知識成就。

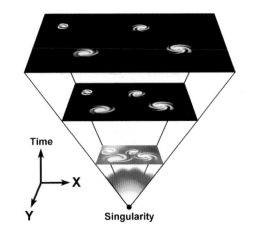

宇宙似乎始於一個奇異點。

勒梅特使用的名稱其實是「太古原子」（Primeval Atom），而我們介紹太陽放光的時候曾提及移居美國的俄國人伽茂夫，他則以一個古英文字形容原初物質的概念——ylem。至於廣為人知的「Big Bang」，這個詞則源自正牌天文學家、對「穩定態」理論至死不渝的霍伊爾。他認為宇宙正不斷膨脹，也不斷產生新物質，因此他曾以輕蔑的語氣說：「宇宙難道是大爆炸（Big Bang）產生的嗎？」沒想到這位反對者漫不經心的俏皮話就這麼流傳下來，成為宇宙起源的命名！

宇宙由大爆炸產生，是帶領人類認知向前邁進的一大步。然而，為什麼這層認知使物理學家們長期難以接受呢？我們已提及大爆炸伴隨的「起初」概念令

勒梅特 Georges Lemaître
(1894-1966)

伽茂夫 George Gamow
(1904-1968)

霍伊爾 Fred Hoyle
(1915-2001)

很多物理學家不安，因為幾世紀以來物理學的發展已與宗教脫鉤，但大爆炸的倡議者正好是一位神父。更確切地說，物理學家從十八、十九世紀以來認為能量守恆顛撲不破，而能量守恆的要件就是「時間平移不變性」，等價於時間是永恆的。是這樣的基本概念，可以解釋為什麼一直到 1960 年代，很多人仍難以接受宇宙有一個起點。不過目前的證據太強了，已很難有人反對。

事實上，宇宙源於大爆炸這個概念最早原創者應該是英年早逝的俄國氣象、物理與數學家弗里德曼（Alexander Friedmann, 1888-1925），他於 1922 年就藉著研究愛因斯坦方程式提出宇宙膨脹的概念，而伽茂夫算是他的學生。這也就是說，廣義相對論本身，就包含探尋大爆炸的蛛絲馬跡。

## 宇宙微波背景輻射
## Cosmic Microwave Background

勒梅特於 1950 年寫了《太古原子》一書，當中十分詩意地寫著：

「世界的演化好比一個剛結束的煙火表演：幾絲紅色餘燼、灰和煙。站在一顆涼透了的灰渣上，我們看著漸漸褪色的眾太陽，試著回想諸世界起源那已消逝的燦爛。」

為何使用「諸世界」（worlds）這字眼呢？也許如布如諾所說，有許多的觀察者分別在自己的渣子上看著眾太陽。不過最主要的意念則是：回看諸世界的起源，原本多麼燦爛，而今正在消逝。

勒梅特在 1966 年過世。就在他去世前，「那已消逝的燦爛」的證據出現了！人類竟然「聽到」了那宇宙亙古的嗡嗡

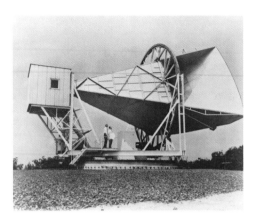

人類「聽」到宇宙大爆炸的亘古雜音。

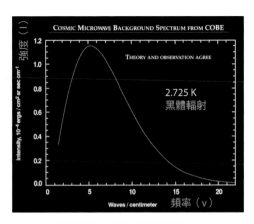

COBE 衛星量到宇宙微波背景頻譜。

聲。貝爾實驗室的賓紀雅斯和威爾遜（A.A. Penzias, R.W. Wilson）在 1965 年為電波天文學觀測製作了一個如上圖左的「大耳朵」。這個耳朵收集微波做分析處理，卻收到一種意想不到的「雜音」。在排除各種可能性之後，賓紀雅斯和威爾遜發現這雜音既非人造，也沒有方向性，好似來自外太空。他們一路尋索，並與普林斯頓的理論家溝通，才確知他們所聽見的正是宇宙大爆炸繚繞的、因空間脹大而稀釋成微波的亘古餘音。在星體形成前的大爆炸「聲音」，竟被人類真實偵測到了！賓紀雅斯和威爾遜兩人也因此獲得 1978 年諾貝爾獎。

在十多年後的 1989 年底，COsmic Background Explorer（COBE）衛星發射，將一個耳朵般的微波接收器送上太空，接續二十年前大耳朵聆聽宇宙的任務。COBE 以宇宙微波背景頻譜（Cosmic Microwave Background Spectrum）曲線為其標誌，橫軸是頻率，縱軸是強度，兩者間的關聯是一開始強度隨頻率增加而增強，但過了特定的峰頂溫度後，則隨頻率增加而降低強度。右圖標誌所見的頻譜對應於 2.725 K 的「黑體輻射」。

黑體是能吸收所有入射光的理想物體，也就是說，用光探測黑體，無論送進什麼頻率都能毫無反射地全數吸收，因此我們看不見這個物體。我們能看見一般物體，是藉著它的反光，但若物體吸收了所有的光而不反射，則物體就會是全黑的，這就是黑體的物理學原始定義。

但你或許想像不到，黑體可以放光？岩漿的熔岩表面一經冷卻就變黑，但是裸露流動的熔岩卻因高熱而放光，而放光的熔岩和變黑的熔岩本質是一樣的，這也就說明了黑體能夠放光。黑體雖吸

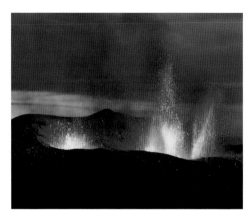

高溫的黑體，例如熔岩，會放出特定的光。

收所有的光，但因自身溫度的熱能也能導致放光，特定溫度的黑體就釋放特定的光，例如千度左右的熔岩會釋放紅光。

關於黑體放光，也就是黑體輻射，有個普朗克（Planck）定律：

$$I(\nu,T) = \frac{2h\nu^3}{c^2} \frac{1}{e^{h\nu/kT}-1}$$

是輻射強度 I、頻率 $\nu$ 和溫度 T 之間的一個函數關係。普朗克在 1900 年寫出這個公式，引進了「普朗克常數」h。二十世紀物理學的兩大突破──量子力學和相對論，其中量子力學的起點就從引進 h 開始。這個公式可不簡單，輻射頻率與能量有「量子化」E = h$\nu$ 關聯，是普朗克的原創，又因與電磁輻射有關，所以光速 c 也在公式中出現。而當中又出現 kT，是溫度 T 時每單位「自由度」會有

的能量，有熱力學與統計力學的關聯。k 是十九世紀時由波茲曼所提出，熱力學中的重要常數，和 h 一樣屬於自然界的常數。太陽核心核融合點燃之後達致平衡，溫度就是一個平衡下的概念。當產生的熱能與放出的熱達到平衡，就有一定的溫度，以凱耳文 K 為單位。

給定溫度 T，普朗克公式畫出強度 I 與頻率 $\nu$ 的關聯，如上面 COBE 的測量。這個曲線有個最強的頻率，不管是就觀測或是普朗克所做的解釋，當溫度越高時最強的峰值頻率就越高，其關聯是 h$\nu$ ≈ 2.82 kT。這乍聽起來頗為蹊蹺，但就如熔岩或所謂「打鐵趁熱」，高溫之下的鐵會隨溫度升高變紅、變白，紅橙黃綠藍紫的變化指的就是越來越高的頻率與越來越短的波長，而「白熱化」的說法正源於這樣的定律：黑體加熱會發光，而越熱的黑體，最強的光頻率就會越高。我們太陽的主體輻射也呈黑體形式，太陽表面的溫度超過五千度，五千度的黑體其峰值就在黃光左右，所以太陽光呈黃色。

COBE 微波望遠鏡就是在微波的範圍測量強度曲線與其峰值，而測量結果完全符合普朗克公式！在前頁的圖裡，測量精確度小於曲線的寬度，因此從強度對照頻率，運用公式得出的溫度 2.725 K 精確到四位有效數字！

COBE 之後有 WMAP，在 2001 年

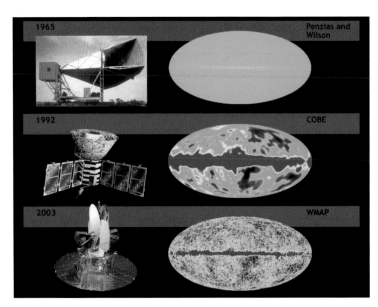

隨著科技的進步，我們對宇宙微波背景的量測越來越精確。

發射，先繞著地球轉，藉著操控並利用地球與月亮的重力將之送到 L2 位置。讓我們來比較這三個「耳朵」：最初的 1965 年地面大耳朵，偵測到以綠色表出的宇宙雜音。1992 年的 COBE 衛星則攜帶太陽能板和數據處理器，能分辨出背景輻射具有些微的方向性，而最初「聽見」的粉紅色區塊也得到較精細的解像。WMAP 則方向性的測量又精確了很多，偵測逐步改進。

你或許想起微波不容易到達地面，這也是為什麼我們要將接收器送上太空。靠著這些越來越靈敏、尺寸只比一個人稍大的探測器才偵測到微弱的方向性，例如 WMAP 的靈敏度就比 COBE 增強四十五倍、解像力增強三十三倍。這裡所

說的方向性，或非等向性（anisotropy）指的是宇宙微波背景輻射的溫度隨方向略有不同，有些點較冷，有些點較熱。不妨來個腦筋急轉彎：中間這條紅色長帶子是什麼？如果這是全天球的投影，為什麼和之前星系紅位移測量的結果不同呢？中間的紅色區塊是銀河盤面。這個投影方式以銀河平面做為橫軸，因為上到太空 L2 的觀測點，當然不必再以地表做基準。由圖可知，銀河盤面發出很強的微波，到 Planck 衛星的時代，可過濾本銀河系和仙女座大星系等發射的微波。從最初看見非等向性，到後來得以研究何者導致非等向性，這需要很多複雜的數據處理，靠的是 1970 年代以來不斷提升的計算能力與分析技術。可以說，

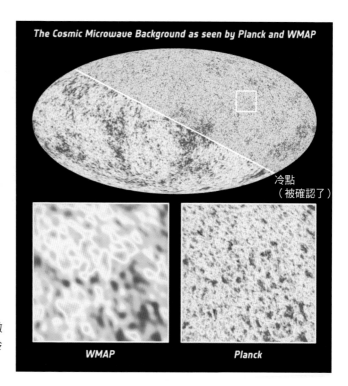

WMAP 與 Planck 所見的宇宙微波背景輻射之比較，其中的「冷點」尚未明白。

是非等向性的測量，導致了 COBE 背後的馬瑟與斯穆特獲得 2006 年諾貝爾獎。

　　前一章提到的普朗克衛星是 WMAP 之後更近代的微波衛星，2009 年由歐洲的 ESA 發射，至今仍在運作，觀測重點在於背景輻射的非等向性。我們不斷強調要回到宇宙星系形成之前所放的光，獲得宇宙原初的視野。2013 年普朗克公布結果，看得出許多斑斑點點，延續 COBE、WMAP，比起原來的朦朧感，清晰度更為增加。宇宙最原初的光，是宇宙經過三十七萬年後因電子與原子核結合成中性原子才透亮出來，在那之前

因與電子散射，只是一片朦朧。這樣的圖像就如宇宙在三十七萬歲時瞬間明亮起來，直至一百三十八億年後的今天再拍得的照片。人類能夠做到這件事簡直難以想像。你可以反問自己：這都是真的嗎？能認知到宇宙的原初，真是太奇妙了！

## 大爆炸核合成
### Big Bang Nucleosynthesis

　　宇宙中眾星系的氫與氦全是在宇宙誕生的頭三分鐘之際產生並留存至今。原初炎熱的宇宙由夸克湯所構成，在降溫

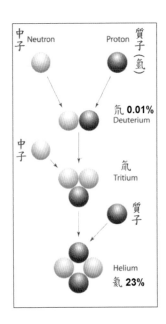

至約百億度時，夸克凝結出中子、質子。質子就是氫原子核，不過繼續降溫時中子將融入最輕的幾種原子核。但奧妙的是：如果中子比質子輕，那麼若角色互換，單獨的質子終將衰變成中子於宇宙中飄盪，而質子則只能藉融入原子核才得以保存。氦呢？它是兩顆質子兩顆中子，卻是綁得最緊的原子核。

在起初凝結出質子與中子的時候，宇宙很熱，即使出現氦也會很快「熔」掉。但因為溫度持續下降，質子和中子碰撞暫時產生氘（Deuterium）、氘再和一個中子反應暫時產生氚（Tritium）。這時候再送一顆質子進來，因為把質子和中子綁得最緊的就是氦，因此形成氦之後，在溫度降低的情形下，質子與中子就陷

在氦原子核裡面無法散逸，因此氦原子核開始累積。

上面的反應只要溫度夠高都是可逆的，但因宇宙膨脹、溫度持續下降，這些反應就將中子掃進氦原子核與少量的氘與鋰裡面。這個「大爆炸核合成」（Big Bang Nucleosynthesis），只要瞭解相關核反應便都可以計算，其結果與測量得出的 23% 與 0.01% 符合，但又有微妙之處：如果宇宙起初再熱一點，或熱度維持久一點、膨脹慢一點，或反應速率快一點，原始的質子與中子就可能全數燒成氦，眾星球賴以生成的氫燃料就消失了。雖然還是可如氦閃快速燃燒，但必會與今日宇宙十分不同！而如果改變中子與質子的質量差，甚至輕於質子，影響也是巨大的。我們不能把作為星球主體的氫燃料視為理所當然。

大爆炸的最初三分鐘決定了宇宙最核心的物質組成，而生命所需的各種重元素則是藉由星球形成、燃燒、死亡與爆炸產生出來，但原始的氫、氦、氘，至少 $10^{78}$（百萬兆兆兆兆兆兆，念起來都麻木了）顆原子，都能在大爆炸核合成架構下得到解釋。而每顆原子對應到二十億顆光子。你可能尚未察覺，但我們所說的宇宙微波背景輻射都是光子。光子的能量非常低，每顆原子的能量都遠超過一顆微波光子，但星星數目雖多，卻遠比瀰漫宇宙的光子少得多了！

## ⊙ 暗物質

藉著回探宇宙微波背景輻射的探究，我們赫然發覺早期的熾熱還存留下其他奇妙的物事：暗物質！

我們也隨之發現：

「如果沒有比看得見的物質多五到十倍的重力吸引，眾星系、甚至眾星系叢，都將分崩離析。」

這才是更驚奇而神祕的故事，近乎科幻卻是科學的真實，讓人不禁再次想起愛因斯坦的話：「The most beautiful experience we can have is the mysterious.」認識宇宙本身已然成為一趟奇幻之旅。此曲只應天上有。

先打個比方：地球距太陽 1 億 5 千萬公里，以每秒 30 公里的速度繞太陽轉，才能在一年走完近 10 億公里的繞日軌道，這速度或許比想像的快上許多。而冥王星雖已不再列為行星，則以約每秒 4.8 公里的速度在距離太陽約 59 億公里的軌道繞行，速度比地球慢得多。請你回想中學時代學過的萬有引力與距離成平方反比，因此太陽對距離遠的冥王星拉力小，以較小的速度運行，其離心力便能與太陽引力平衡。這不就是牛頓萬有引力定律的展現嗎？但再試想，冥王星的軌道約有地球的四十倍，若發現其繞行太陽的速度卻與地球相當，這個悖逆萬有引力的現象從何解釋？這代表冥王星運行的離心力很大，我們可就此推論軌道內部必定有其他的物質[注1]吸引它。不過，上述狀況並未發生於太陽系，僅僅是個假想比方，用以說明人類如何初步認知暗物質。

從銀河系正上方向下看，銀河系主要的質量在靠近核心之處，而懸臂星體比較稀疏。因此銀河靠近核心部分應是主要的吸引力來源，而沿著平面出去，距離變大但所觀測的質量卻並未有顯著增加。所以左圖 A 線顯示接近核心部分質量高，旋轉速度大，而遠距離質量增加有限，因此旋轉速隨距離增加而下降，就好比冥王星。然而我們實際量測[注2]的結果卻是外層星體的運行速度並未減少，並不像 A 線的預期，而是如 B 線所

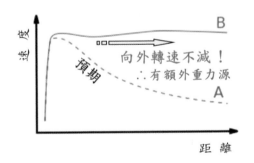

星體距離星系中心與其速度的關係。

怪才茲威奇。

哈伯望遠鏡所拍的 Abell
1689 超星系叢。

示！類似現象也可見於仙女座大星系及其他更遠的星系，似乎是個普遍現象：盤狀星系的轉速由中央到外環是不改變的，所以如圖所示：星系似乎有額外的重力源。

　　想像在銀河系從裡到外有團黑色、看不見的東西在導引，所見的星體皆處於這朦朧、看不見的「暗暈」（halo）當中。除了可從星系運轉速度推測出這樣的結果，也可藉由觀察星系叢的運動推估其總質量。早在 1933 年，弗瑞茨‧茲威奇（Fritz Zwicky，1898-1974）就討論了后髮座星系叢，推斷總質量比星系叢的可見（發亮的）質量大得多，而「暗物質」就是當初茲威奇命名的。

　　先知先覺的茲威奇還有另一個對暗物質的出名先見。我們的參考書封面取自 Abell 1689 的哈伯照片。圖中的十字光點都是星球，而朦朧狀的光暈則是星系。中央的超大超星系叢質量巨大，背後的光通過其附近時會因「重力稜鏡」效應產生偏折，如透過彎曲的水晶玻璃球觀看。這個現象茲威奇早在 1937 年就寫論文討論過了。圖中細看還可以看見彎曲的線，如我們用虛線標出、繞了一圈的星雲。若找出原圖，就可看見拉長的弧線乃是超星系叢背後的星系被「水晶球」扭曲的結果，而天文學家可以透過光譜逐一深究這些光線是否來自同一個星系。

　　其實，廣義相對論已預測了重力稜鏡

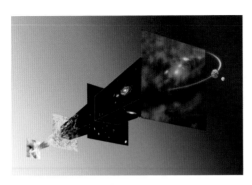

不同時間的宇宙樣貌。

## 由簡入繁：重力的角色

　　為何放眼望去，宇宙的主體結構是星系，以及由星系構成的星系叢？關鍵在於重力引發的「對比增強」效應。重力是個不穩定也不夠直觀的力，當人爬上高處隱隱感到搖搖欲墜，正是這樣的不穩定引發了「對比增強」效應。

　　原始大爆炸的火球是雜亂的，但宇宙後來變得又大又複雜，而個中最複雜的就是地球上的生命。這看似違反熱力學第二定律：有秩序的狀態會走向雜亂。但是地球的生命圈是因為有太陽的能源提供，所以並非真的違反這個定律。太陽因有核子能源，溫度比周圍都高，地球的生命圈就由這個中央星的光獲得能量，並將廢熱輻射到冰冷的外太空。若地球和太陽一樣熱，那太陽的能源供應就顯得了無意義。

　　我們要探討的乃是：這個有秩序的溫床背後是什麼？也就是星系和星系叢是如何形成的？星系的大小本身是一個問題，除了提供星系材料之外，為何是這樣的結構？我們也想瞭解，宇宙的膨脹，從混沌一片到後來出現的牆、腔、絲的結構，是怎麼一回事。

　　讓我們想像一個正在膨脹的箱子，箱子裡面灑一些顆粒，看似均勻，但卻有些微的密度不均勻度 Q。這個箱子就是膨脹中的宇宙，而「顆粒」便是物質。我們擺進些微的密度不均勻度 Q，想要

的現象：超星系叢的重力將周遭的時空扭曲，使通過的光線偏折，因而某個隱匿於超星系叢背後的星系得以多重顯影而呈環狀分布！不過關於 Abell 1689 這個超星系叢，科學家還有另一更聳動的發現：上圖這些發亮的星系都是可估算質量的，然而超星系叢中的可見星系卻只有造成扭曲所需質量的百分之十到百分之二十！這群星系似乎浸潤於一團更巨大的物質，而這巨物提供質量卻不放光，質量比放光的物體還要大上五到十倍。因此，Abell 1689 重力稜鏡的主體並不是可見的星系本身，而是它們浸泡其中的暗物質。這張照片不僅見證了茲威奇的重力稜鏡效應，也提示暗物質瀰漫於超越超星系叢的範圍，且似乎主導宇宙的大尺度結構。這可說是今日天文學也是物理學的頭號問題，我們至今仍只聞其聲，不見其人。

五千萬光年範圍的光點分布電腦模擬圖。

看看 Q 值的大小如何影響箱子內後續的密度分布，特別是重力引發的對比增強效應的影響。宇宙學家便是透過電腦來模擬不同起始狀況下宇宙的演化。因為重力是個不穩定的力，因此即便眼睛看似均勻的物質分布，只要有一點不均勻度 Q，在膨脹過程中，比較密的一塊可以把膨脹的拉力抵銷，那麼這懸浮的區塊就可藉引力導致收縮，以致雖然箱子在膨脹，但是較密的區塊可能自己形成一個重力束縛收縮的系統。而結構就繼續藉重力效應而放大顯現。

宇宙中有原子（質子、中子形成的原子核加電子）、有輻射（也就是光子），還有暗物質。暗物質只有重力作用，與一般物質幾乎不發生作用。以電腦模擬放入不同比例的原子、輻射、暗物質，以及起始不均勻度 Q，之後隨著膨脹演進，這樣的系統會因重力而隨時間衍生出結構。然而在這類的模擬中，如果不放入暗物質，僅用看得到的、能發亮的物質去模擬計算，是無法跑出我們所觀察到的宇宙結構的。比一般物質多很多的暗物質才是導引重力結構發展的主因，原子等物質受到重力導引進入暗物質團的結構內。從星系叢到星系、乃至星球凝結，背後都是藉重力的不穩定、對比增強等特性發展出的暗物質結構。這樣的電腦模擬到如今可說已很常見、且還在持續發展的技術。我們在此附上一個五千萬光年大小的電腦模擬分布，如果想看自宇宙初始至今的動態電腦模擬，

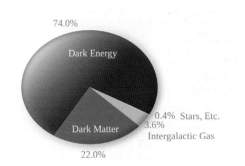

74.0%

Dark Energy

0.4% Stars, Etc.
3.6%
Intergalactic Gas

Dark Matter

22.0%

目前了解的宇宙組成：暗能量、暗物質、物質。

可點選 http://cosmicweb.uchicago.edu/ 網站。

　　基本上，暗物質主導了宇宙大型結構的生成，並且宇宙「暗」的物質成分比可見的多出五倍。我們藉此得到結論：構成你我的物質，其實並不是宇宙的主體。你或許會質疑這個結論的真實性，但是科學的精神就是科學家之間會相互檢驗，若有破綻就會相互指正，對比確實性。暗物質存在，目前是主流共識。

　　試想：人類原本活得好好的，一心覺得自己蒙神所愛、地球是神所關切的，但後來卻發現：不，是地球繞著太陽轉；接著發現，太陽在銀河系裡；然後，銀河系是在膨脹的宇宙中，並不是中心；又再發現我們所認知的原子不是所有物質的主體成分，有另外的、有質量的東西比我們多了五倍，主導了星系、星系叢宇宙結構的形成。更有甚者，人類還發現了「暗能量」（Dark Energy），我

們將在第七章繼續介紹。

## 升天入地搜尋暗物質粒子

　　那麼，暗物質究竟是什麼？比自己所由生的「物質」多五、六倍的「暗物質」，人類竟然對它一無所知！

　　暗物質不是普通的原子。因為不帶電荷，所以暗物質是暗的；因為不吸收光也不放光，所以我們看不見它。暗物質粒子不參與其他交互作用，當它飄在我們周遭、甚至穿過我們的身體，我們也無感無覺。除非它有一大團以至於重力夠大，足以將人吸拉過去，我們才會有切身感受。不過，這樣巨量的暗物質是在形成星系結構的大尺度，而非人類本身的尺度。

　　該如何尋找看不見的暗物質呢？目前的研究主流是根據可見物質都是粒子的事實，假設暗物質是某種粒子。綿延義

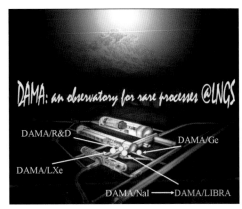

在義大利的 DAMA 實驗。

大利半島的亞平寧山脈，北邊與阿爾卑斯山以波河平原相間隔開，它的最高峰，Gran Sasso，位在距離羅馬 100 多公里的義大利半島中段，有隧道貫穿山底通向亞得里亞海。這裡挖了不少輔助的隧道構造，其中一些被物理學家用來做地底實驗。用 DArk MAtter 的各頭兩個字母命名的 DAMA 實驗，就是利用其上的大山覆蓋，躲在地底下尋找暗物質。地表除了人為雜音還有宇宙射線，但在地底下兩種背景雜訊都可降低。

　　暗物質通過時，幾乎不與其他物質發生交互作用，或僅有非常微弱的作用，這正是為何除了大範圍的重力之外，我們感受不到它的存在。DAMA 實驗觀測暗物質的方法則是透過特殊晶體的離子排列：當暗物質粒子通過時若敲擊離子，則受敲擊移位離子的復原便會產生出訊號，人們便藉由探索這些訊號搜尋暗物質的蹤跡。

　　我們的銀河懸浮於更大的暗物質量裡，太陽在其中運動。地球以每秒 30 公里繞著太陽轉，但我們的太陽相對於銀河核心的運動速度更高，達每秒 232 公里。經過多年實驗，DAMA 宣稱：看到晶體散射事件呈現一個季節性的變化，這可能是暗物質碰撞所產生的現象。太陽帶著地球在銀河系裡跑，隨著季節不同，地球相對於銀河量的運動速度也不同。因此與暗物質碰撞的頻率也會有季

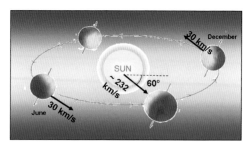

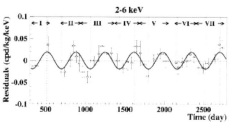

地球繞太陽速度每秒 30 公里，而太陽相對於銀河核心的運動速度每秒 232 公里。
DAMA 實驗多年的觀測結果出現季節性的變化。

節性的調變。不過，地球繞太陽轉，地殼變化、水分變化應當也有季節性的差異，在地底下是否能夠躲避這些變因呢？

　　因此之故就某方面來說，這樣的觀測結果看似真實，另一方面卻又不免挾帶了一些自身的問題。目前尋找暗物質粒子的研究方興未艾，部分實驗看似有可喜的徵兆，但都尚未得到其他團隊的再確認。在科學上，雷聲大雨點小的研究所在多有，有徵兆固然令人振奮，但是否真能成立則需進一步驗證。從圖表可看出，DAMA 實驗已執行了十幾年，

可說是開路先鋒，不過其所得出的機率與所對應的暗物質粒子質量也被其他科學家質疑，有幾個實驗甚至宣稱排除 DAMA 的結果，而非印證。

　　除了躲到地底尋找暗物質撞擊晶體訊號的 DAMA，我們再來介紹另一個升到太空尋找暗物質的實驗：PAMELA（Payload for Antimatter Matter Exploration and Light-nuclei Astrophysics）衛星。目前公認接近銀河核心有一個巨大的正電子雲，這正是 2008 年藉著 PAMELA 實驗首次觀測到的現象，轟動一時，可是源頭究竟為何，目前尚未定論。這是否與暗物質有關？若兩顆暗物質粒子交互作用產生一般的物質（如下圖），那麼就可能產生正電子。因為我們實在不知道暗物質的性質，因此這裡用的是超對稱提供暗物質粒子模型的猜想。既然暗物質瀰漫在銀河裡，即使暗物質極度隱密不活潑，但大量的暗物質或許就可能發生作用。銀河核心引力最強，暗物質應當也會往那裡集中。

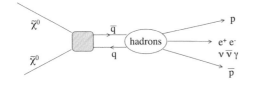

暗物質反應產生一般物質的猜想。

AMS-02 的徽記。

是否在銀河核心暗物質會有較高機率碰撞，而後產生正電子雲呢？

　　AMS 實驗於 2010 年代也投入這場論戰。AMS 在 90 年代原本的名稱是 Anti-Matter in Space，也就是尋找宇宙反物質，但到現在大概已沒人相信 AMS 能探討宇宙反物質議題，倒是暗物質成為主流，因而計畫改稱為 Alpha Magnetic Spectrometer。Alpha 有頭號或第一的意思。這個由丁肇中先生領導的實驗計畫，台灣參與頗深，但在此就不詳細介紹了。AMS 實驗是個完整的粒子物理偵測器，AMS-01 原型曾在 1998 年用太空梭載到軌道測試運轉。經過多年的調整與改進，並經歷第二次太空梭爆炸等波折，終於在 2011 年由特別為它加飛的最後一次太空梭任務，將重達七噸的 AMS-02 安裝於國際太空站。這漫長的過程也見證了丁先生超凡的毅力。從上圖的 AMS-02 徽記可看到太空梭還有太空站。

　　一般太空任務發射多半會延遲，就算

發射在即，也可能因臨時天候變動而停擺。但除此之外，AMS-02 的發射還碰上更奇特的狀況。執行這場最後一次太空梭任務的指揮官是馬可·凱利（Mark Kelly），他的夫人吉佛斯（Gabrielle Giffords）眾議員於 2011 年初在亞利桑那州與選民聚會時遭遇槍擊，子彈貫穿腦部，卻大難不死。凱利面對是否出任務的兩難，最後經過身心檢查確定無礙後，太空梭才於五月十六日在吉佛斯眾議員的親臨見證下升空。另一則軼事則是，馬可有個孿生兄弟史考特（Scott Kelly），在 2016 年三月被送上國際太空站，進行 Year in Space 計畫：史考特待在太空無重力的環境一年，而馬可留在地上，藉由雙胞胎生理結構的一致性，天天比對總體影響，為將來登陸火星的太空旅行做準備。

下圖是太空站全貌，總長超過 100 公尺，寬 80 公尺，造價千億美金，而

AMS 探測器就固定在其上。在 2011 年 AMS 發射後不到兩年，丁先生就發表了如右頁圖的初步結果。以紅色標出的 AMS 結果和淺藍的 PAMELA 結果相當一致，並且在刻度 10（GeV，十億電子伏）以上精確得多，驗證了銀河核心有高能正電子雲。但紅色的 AMS 數據和綠色的數據則有出入。後者是由前章介紹過的伽瑪射線 Fermi-LAT 衛星望遠鏡所測量的。這也是粒子偵測器，專長在偵測伽瑪射線，而 AMS 則是磁譜儀，長於偵測帶電粒子。紅色的 AMS 數據精確度明顯高於綠色的 Fermi-LAT 數據。然而，這樣是否就算找到暗物質了呢？尚未定論，有待更多的觀測結果。至少人們要看見紅色的數據曲線先拉平，再急速下滑，那可信度就很高了。可惜要探索更高能量時需有相應的能量解析度，而這正是目前挑戰的所在。AMS-02 原本希望藉超導磁鐵讓磁場更強，但因無法做到而又採用永久磁鐵，但因磁力不夠強，增加了前述高能量精確度的挑戰。AMS 提出至今已二十餘年，可能必須再經過十數年才能真正達到目的。

最後來談我們在緒論提過的周長 27 公里，在 2012 年發現希格斯

位在國際太空站上的 AMS 實驗，及量到的正電子能量。

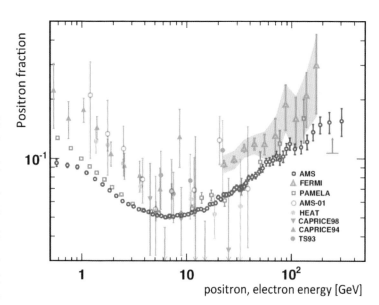

粒子的 CERN 大強子對撞機 LHC，它其實身負另一個重大任務：希望直接產生暗物質粒子。超對稱提供暗物質粒子的最佳範例，而前面曾以圖示說明以超對稱粒子為藍本下，暗物質粒子如何連結一般粒子。原本眾人對 LHC 可能發現超對稱寄予厚望。可惜 2011-2012 年的 LHC 第一次運轉（Run 1）並沒有發現超對稱的徵兆。自 2015 年開啟的更高能量 Run 2 運轉，給予人類直接於實驗室搜尋超對稱粒子，進而研究與宇宙暗物質關聯的第二次機會。

大強子對撞機 LHC 的俯視圖。

## ⊙ 宇宙平滑度

「宇宙若是從完全平滑起首，現在將只含極度稀釋的氫與氦，密度低於每立方公尺一個原子。它將又冷又無趣：沒有星系、也無星星；沒有週期表其他元素；沒有複雜性，也不會有人。」

你能理解上面的話嗎？讓我們回到提過的問題：宇宙初始的微小密度差異 Q 是多少？若 Q 為零、即完全平滑，那就不會出現前述的重力對比增強效應。若連暗物質都聚不成團的話，就更不可能出現星系和星球了，整個宇宙將永遠像是星系際氣體一般稀薄，每立方公尺約

只有一個原子，相較現今一大氣壓力下一立方公尺只有 $10^{23}$ 個原子，那個平滑的宇宙將會又冷又無趣，既不複雜，也沒有人。

所以 Q 需要不為零的，我們現有的一切才會存在。這可是很值得一問、關乎人類乃至全宇宙的問題。重力引發的對比放大效應，只需一點點的不均勻性 Q 即可，但究竟需要多少呢？

讓我們先給 Q 下一個定義：它是（能量）密度分布的峰與谷間的差，除以平均密度。在電腦模擬中放入一定比例的原子、輻射、暗物質，若想產生所看到的宇宙結構，需要 Q 是 0.00001、亦即十萬分之一。半徑約 6,400 公里的地球，表面的山從海平面到最高峰有 9 公里，從海底算則是 10 多公里。十萬分之一的平滑度，就好比地表的山只有 50 公尺高，是非常、非常平滑的表面，我們手上拿的橘子表面顆粒度都比這粗糙得多。

我們若回頭看 COBE 衛星在 1990 年代所偵測到的微波背景輻射溫度範圍，還正好是十萬分之一。右圖中 COBE 的「非等向性」溫度測量，藍色代表比平均溫低、紅色則較高，而紅與藍間差異只有十萬分之一。這十萬分之一背景輻射溫度的變化是實際觀測到的數值，但日後殊途同歸：藉著暗物質重力凝結模擬出宇宙圖像，竟然得出 Q 恰好需要十萬分之一！

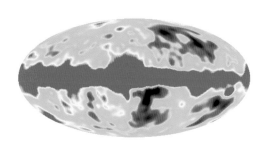

COBE 衛星偵測到的宇宙微波背景輻射。

COBE 偵測器觀看各方位角度的背景輻射，發現某些方向熱一些、有些方向冷一些。可是背景輻射的平均溫度約 3K，也就是零下 270 °C，而 COBE 偵測器在偵測 3K 低溫的同時，還需測得其十萬分之一的溫度差，可見人類處理微波的技術真是十分精良。在 1990 年代測得的宇宙背景輻射就已告訴我們，天球記錄著十萬分之一的溫度漣漪，也就是宇宙初始時候有個恰當的密度差 Q，是宇宙初期的圖像，一直保留在天球中，最後被 COBE 探得，這個密度差 Q 也與後來的電腦模擬一致。隨著對宇宙瞭解日增，我們現在的宇宙觀與 1960 年代的宇宙觀已不可同日而語。自 COBE 後又有 WMAP，現今的微波背景偵測器 Planck，則可將背景輻射那十萬分之一大小的漣漪拍攝出來。

設想起初有更平滑的 Q，也就是小於十萬分之一。這更平滑的宇宙無法形成星系與星球，因此微量元素也無法產生。

所以 Q 值太小就不會形成星系：集團形成需要太長的時間，而它們的重力又太弱。但若 Q 值大過十萬分之一，則粗糙的宇宙狂暴而劇烈，會迅速凝結出太大的團塊。這些團塊比星系大得多，很早期就凝聚出來。它們不會碎成星星，乃是崩塌成極大黑洞。星系難以形成，就算形成密度也很高，眾恆星太靠近，彼此撞擊。無論是小 Q 或大 Q，這些都不是我們的宇宙，而我們的宇宙就是那麼恰恰好十萬分之一！這個十萬分之一是否又算是「宇宙親生命」的表徵呢？

## ⊙ 大爆炸有多可信？

*"Vos calculs sont corrects, mais votre physique est abominable."*

「你的計算是對的，但你的物理是可憎的。」

這是愛因斯坦在 1927 年對勒梅特所說的一句責備話，但用字值得玩味。他的表面意思是，「你對宇宙大爆炸產生方程式的推導計算看不出有問題，不過我討厭你的物理。」但他用了 abominable，「可憎的」這個字眼，曾出現於舊約聖經《但以理書》，在《新約》中耶穌也曾直接引用，意指「聖潔的相反」。身為猶太人的愛因斯坦對舊約聖經應有一定程度的掌握，而他對一位天主教神父

說：你的物理是「可憎的」、很不聖潔的，實在是相當嚴厲的字眼。在勒梅特提出宇宙有起點之時，哈伯的證據還沒有完全公諸於世。愛因斯坦雖說「你的計算是對的」，卻覺得自己被算計了，因為勒梅特是根據他的廣義相對論獲致這樣的結果。若宇宙真從某個時間點而來，又是由神父所發揚，大多數物理學家骨子裡自然覺得個中必有陰謀。

愛因斯坦當代的物理學家都受過十九世紀的古典物理訓練，思維是「守恆律對應到一種變換的不變性」。牛頓的動者恆動、靜者恆靜，其實就是一個守恆律，叫做動量守恆，對應到空間的認知就是平移不變性：我們在空間中任一點做出的實驗會是一樣的。而能量守恆、能量不能憑空產生，在物理學中就對應到時間平移的不變性。若堅持能量守恆是實驗已經驗證的，那麼對於時間的平移，物理定律是不變的。這些已經變成顛撲不破的原則。

有了這層理解，再回頭審視勒梅特所說的時間起點論，則時間平移不變性就蕩然無存了！若此，能量是否還會守恆？關於大爆炸是否違反能量守恆，至今尚無定論，因為爆炸的能量或許可以被重力束縛能量或吸引力抵銷，不過似乎確實會違反時間平移不變性。因此，我們可以理解愛因斯坦認為這些已被驗證的顛撲不破的定理不該在此由一位神父輕

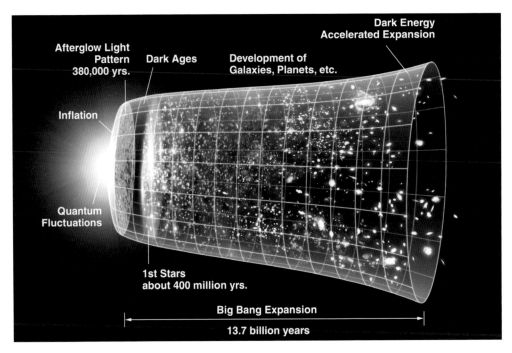

目前我們對宇宙從初始到現在各個階段的理解。

易違反的心理，也能約略理解在當年的時空背景下，時間起點論的衝擊性。

至今大家都公認大爆炸是存在的。「這個理論能夠存活下來，給多半的宇宙學家 99% 的信心，可以將宇宙一直推回宇宙初始的頭幾秒鐘。」我甚至認為有 99.9% 信心。不過 1% 仍然很大、0.1% 依舊不小，我們真的搞對了嗎？若以下命題有任一不符合，那麼大爆炸理論就會站不住腳：

- 背景輻射與預期的黑體（或熱）輻射非常吻合；

- 沒有發現任何天體的氦含量是零（或 < 23%）；

- 氘含量與大爆炸理論所預測的相符；

- 早期宇宙的 Q 值（平滑度）恰恰好；

- 觀測到的最遠的星系間雲氣被加熱到 15 K，與早期宇宙背景輻射溫度較高相符（若是 3 K 反而不符）；

- 微中子質量夠低，不會提供過多暗物質。

愛因斯坦在 1930 年代拜訪威爾遜山天文台，這就說明他已經接受大爆炸是觀測得出的結果，但直到 1960 年代確切的

「大爆炸餘溫」觀測證據得出以前，大爆炸理論的接受度始終不如穩定態理論，而穩定態理論的死忠支持者之一就是天文物理學權威霍伊爾。不過霍伊爾也於2001年過世了。「死忠已死」，如今已沒有反對大爆炸理論的大學者了。

宇宙究竟如何從大爆炸產生的呢？其起點大概是量子重力（Quantum Gravity），可惜量子重力是物理學家至今無解的課題。宇宙經歷暴脹期，而大爆炸是暴脹後的能量釋放，但最初那一瞬的物理我們依舊不明白，也就無法計算，更難以確切觀測，因為對我們來說，宇宙初始也就發生過那麼一次。

不過之後的發展狀態就相形簡單了，我們能夠解釋從夸克湯到變成質子、中子湯，並在退溫時產生氦。早期的宇宙沒有結構、混沌一片，是一個離子體，氫的原子核和電子因為能量太高是分離的，使得光子無法自由運行，成為離子體裡面的一片波動迷霧，直到降溫，能量不足以將氫原子核和電子打斷，才形成氫原子。這椿事件我們稱為「去偶合」（decoupling），突然間，宇宙所有原子不再呈離子態，紛紛形成面世，光子得以自由運動。我們所說的宇宙背景輻射也就是當時所釋放出的光子。

再接下來則是長達幾億年之久，雖有宇宙背景輻射卻尚未形成星球之類的發光體，因此稱為「黑暗期」(Dark Ages)。暗物質結構當時可能還很粗糙，那麼最早的星球究竟是什麼樣貌？我們能夠描述它的性質嗎？還有星系？這些都是另外的課題。由此我們也可看出宇宙最初是很簡單的，雖然有波動，但不過就是團高熱膨脹的離子氣體而已。之後光子釋放，但眾原子潔身自愛，彼此保持距離，沒有凝結、沒有燃燒、沒有核融合，直到最早星球形成、星系結構出現，才漸漸走向現在的宇宙。不過最新的觀測則有一個聳動的發現：當下的宇宙似乎正在重新加速膨脹，我們將於後續章節繼續討論。

從知曉大爆炸至今不過一個世紀，藉由對於這個課題的探討與觀測，我們逐漸發現原來銀河懸浮於看不見的物質中，但對這些暗物質依然一無所知。藉著重力，我們也看見了宇宙的結構與暗物質的相互關聯。不過我們也不免質疑，這麼龐大、可用以解釋全宇宙的理論架構，這一切都是「真的」嗎？

---

注1：另一個可能，就是牛頓萬有引力在四十倍日地距離可能是錯的。

注2：這個發現的背後有另一位女性天文學家，薇拉‧魯賓（Vera Rubin）的艱辛故事。

# Chapter 8

## 黑洞

　　讓我們繼續看看黑洞，那連時間之箭──光，
都無法逃脫的桎梏。

　　在建構對黑洞的基本了解後，我們將繼續探討
蟄伏於諸多星系核心的超大質量黑洞與近期偵
測到因黑洞合併產生的重力波。既然黑洞是時空
扭曲的具體範例，我們也將旁涉另一項迷人的話
題：時間旅行。

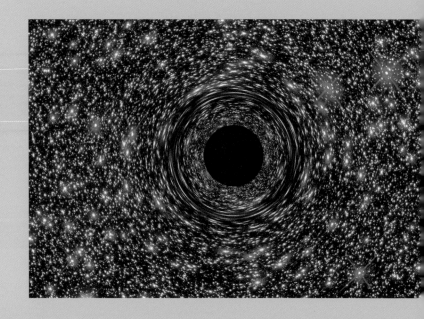

微弱的重力已經在某些物體勝過其他作用力：黑洞——它們崩塌得如此之深，連光或任何訊號都無法逃脫，那凍結的時空扭曲，在原來的所在留下印記。

## ⊙ 完全重力崩塌

完全重力崩塌，指的是重力壟斷一切，任何東西都無法從中脫逃。

在四大作用力中，重力最微弱，對人而言也不直觀。爬山時從峭壁俯望，那種如臨深淵、搖搖欲墜的感覺才提醒我們：重力對人類而言是非常強大的。電性除了藉化學鍵結組成身體外，其餘的正負電都中和掉了，所以我們感受不到電力。但重力卻是累積性的，無法中和，而人類七十公斤的軀體含有多少摩耳的碳水分子啊！難怪之前提過霍伊爾的「黑雲」便嘲笑人們與地球生物的身體結構不外乎是在抵抗重力，不如擴散的雲氣自由自在。而為何太陽等星體這麼大？

這也關乎重力與其累積性，是我們未及討論的一個命題。

雖是最微弱的作用力，重力卻也是人類最早認知、最有科學淵源的作用力，但至今仍是個謎。十七世紀後半，刻卜勒歸納出的定律解釋了行星的軌道，當牛頓注意到蘋果自樹上掉落，聯想到星體的繞行就如同物體的掉落一般，發明萬有引力定律以解釋刻卜勒的行星運動定律，還發展了對應的數學。此後重力成為我們最熟悉的作用力。我們可以在地球上行走，或站或坐而不會飄起來，都是因重力將我們吸附在地表成為「準二維」生物。想想如果突然抵達一個引力高出地球十倍的星球，你將完全無法走路，僅能趴伏在地無法站立，呼吸也無比困難，痛苦萬分。而黑洞是個重力大到甚至連光或任何訊號都無法逃逸的所在。你能想像它的重力和地球相比有多強嗎？

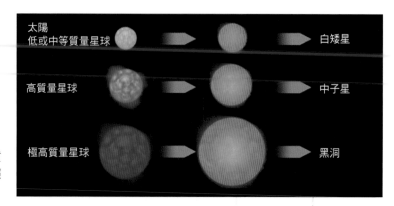

星球的命運與其質量有關（大小未照比例）。

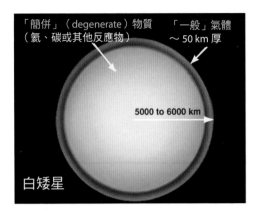

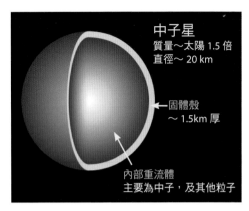

讓我們再次回顧星球生命的終點。我們的太陽是顆中等質量星球，再過五十億年會變成紅巨星，炸掉外層之後內縮成白矮星。質量大於太陽數倍的星球會膨脹成更大的超巨星，然後如北宋仁宗時的 1054 年超新星般爆炸，爆炸之劇烈距離我們五千光年依舊「白晝可見」。這是因為內部重力收縮瞬間釋放出極大能量，然而這收縮卻將核心壓成中子星，也就是原子核全被壓碎，電子被壓入質子成為中子。在更高質量的星球，其內裡壓縮至中子星的結構都無法抵抗時，就因重力太強而直接跨越中間階段產生黑洞。物質產生的重力崩塌將空間扭曲、壓縮並在原處留下痕跡，像把時空凍結，便是前述的「凍結星」。

大質量的星球越早期越多。我們的銀河系已經一百億年，而太陽目前歲數為五十億年，在銀河系早期，形成較大星球的情形應該更普遍，所以銀河系理應

有許多黑洞。這些黑洞存在古遠，我們卻長期無所知覺，顯然並未身受其害。而星球經超新星爆炸形成中子星也發生無數次了，我們的生命還是依靠爆炸星體的殘留所供應的呢。

讓我們稍稍瞭解這些星球終極體。白矮星與地球的大小差不多，質量比太陽小一點，所以密度很高，又因溫度高，所以白白的。它裡面是所謂的「簡併物質」（degenerate matter），用的是量子物理的術語。白矮星的抗壓力，正是藉簡併電子氣體壓力而來。基本上很多電子被重力束縛住了，因它的「費米子」（自旋為 1/2）特性，擠成一堆的電子的等價溫度較其所處環境高很多，也就是動能非常、非常高。因此白矮星是靠著簡併電子氣體的壓力抵擋重力的壓縮，在太陽質量的附近維持穩定。白矮星表層有幾十公里厚的「一般」氣體，不過這氣體比太陽濃密了無數倍。

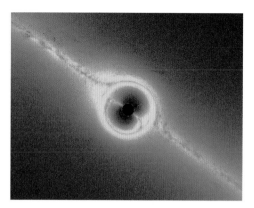

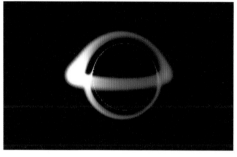

上左圖為擋著麥哲倫星雲的黑洞，出現兩個愛因斯坦環。

上圖為黑洞的重力透鏡效應，將其背後星系的光扭曲。

左圖為黑洞那「凍結的時空扭曲」的預測圖像，周圍有著電離物質環圈。

三者均為電腦模擬圖。

比太陽質量大數倍以上的星球到了生命末期內部收縮時，簡併電子氣體壓力也抵擋不住重力了，電子藉弱作用被壓入質子，多半的原子核被壓碎了，累積的中子開始形成中子星。它的表面同樣有一、兩公里厚、密度極高的殼，進行核反應的內部主要是中子及氦原子核等其他成分，但壓力越大，其他粒子就越少。它藉「簡併中子氣體」壓力抵擋重力壓縮，因為中子氣體的等價溫度又更高，但代價就是被壓縮得更小，直徑只有 20 公里，可以放在台北市的上空，但這麼小的星卻有 1.5 倍太陽質量。這是個

超大原子核，但不是藉核力凝結，而是被重力壓縮在那兒。不論是電子或中子的簡併氣體壓力，都是在不到百年前人類初步探索量子力學時才知曉，也與哈伯觀測宇宙膨脹的知識突破同期。這不也是身為沉思者與巧手者的人類又一椿令人驚嘆的認知？

但黑洞其實比電子或中子的簡併氣體壓力更單純。與黑洞相應的層級是「事件視界」（Event Horizon），光都無法逃脫的範圍，重力收縮力道更強，根本無可抵擋，於是便豪放地無限壓縮下去。簡併氣體對黑洞而言可說不足掛齒了。

## 黑洞

假想在麥哲倫星雲前放一個黑洞，可能出現如上圖左的圖像：麥哲倫星雲的光受到時空扭曲折射，在黑洞的上下兩端出現兩個愛因斯坦環（Einstein Ring）。同理，如果黑洞擋在仙女座大星雲前面，我們或許也能看見「凍結的時空扭曲」影像。不過，黑洞的盧山真面目是什麼模樣呢？目前的預測如左圖所示，在如銀河系核心的大黑洞周圍有高速運動的電離物質環圈[注1]。

我們藉三位知名學者的話來描述黑洞的特性。首先，「崩塌的物體附近凍結的時空扭曲」或「凍結星」，由莫斯科學派雅考夫・澤都維奇（Yakov B. Zel'dovich, 1914 -1987）所提出。「凍結星」聽來像星球寒冷永凍，日後不再沿用，倒是「凍結的時空扭曲」這樣的解說流傳下來。第二就是慣用的「黑洞」，來自普林斯頓學派大師約翰・惠勒（John A. Wheeler, 1911-2008）。他說：「……入射的光與粒子……進入黑洞只會增加它的質量，因而增加它的重力吸引。」這就是我們反覆申述的黑洞特性[注2]，連光子進去都無法再出來，將任何東西丟入黑洞，都只會增強它的吸力。

最後則是身為敘利亞猶太人後裔的丹尼斯・夏瑪（Dennis W. Sciama, 1926-1999），隸屬劍橋學派，也是霍金和本書參考著作作者芮斯的恩師。夏瑪強調黑洞本身只是個空間結構的單純本質：「黑洞是直接以空間為素材做成的，結構像基本粒子一樣簡單。」黑洞的大小和質量成比例，帶「自旋」（角動量）和電荷，與基本粒子一樣。不論是什麼東西進入黑洞，其外觀都仍只是「質量」、「旋轉」及「電荷」，比起星球核心向內坍縮的過程簡潔得多。

2016 年二月正逢愛因斯坦預測重力波存在屆滿百年之時，人們偵測到了黑洞合併引發的重力波，也由此見證黑洞本身的「純淨」。就像「SN1987A」是1987 年看到的頭一個超新星，這個事

由左至右：雅考夫・澤都維奇、約翰・惠勒、丹尼斯・夏瑪。

兩顆黑洞互繞走向合併模擬示意圖。

件被稱為 GW150914，意思為 2015 年九月十四日記錄到的重力波事件。事件發生在約十四億光年外，兩顆分別為約三十五與三十倍太陽質量的黑洞合併為一個約六十二倍太陽質量的黑洞。請注意：在此約有三個太陽質量的等價能量藉重力波輻射出來！原本人們認為重力波難以偵測，但經過基普‧索恩（Kip Thorne）等科學家[注3]四十年的努力與改進，LIGO 實驗（Laser Interferometer Gravitational-Wave Observatory）藉超精密長臂雷射干涉儀，「聽到」了 GW150914 的黑洞合併鳴叫（chirp，像鳥鳴一樣音調上揚）聲，與廣義相對論預測的相符。LIGO 在美國路易斯安那州與華盛頓州分

別有一個雙臂互相垂直，臂長 4 公里的雙臂干涉儀，都測得相同的訊號。為何我們要說「聽到」呢？因為重力波是空間扭曲的傳遞，因此與一般聲波頗為相似，而當兩個黑洞互繞合併時彼此轉速增快，一旦合併，黑洞的純淨特性就會使這音調如鳥鳴上揚迅即中止。這劃時代的觀測揭開方興未艾的重力波偵測風潮，果不其然，2016 年五月 LIGO 又宣布了第二次發現。

GW150914 事件來自雙黑洞系統，兩者都比星球崩塌的黑洞大不少，可能是黑洞多次合併的結果。至於電影《星際效應》（Interstellar）描繪的超大質量黑洞「大傢伙」（Gargantua）形貌，則是

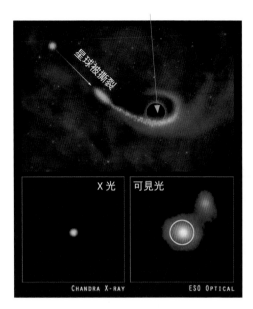

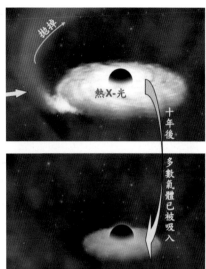

星球被大黑洞撕裂示意圖：碎片在其周圍繞行，最後被吞噬，左下為真實觀測影像。

顧及觀影感受而美化的結果，真實的情況恐怕是這樣（見上圖）：某個星球接近大黑洞，受重力影響被拉長，最後被撕成碎片，沿黑洞繞行，有小部分可能直接掉進黑洞，另一些則因離心力被拋向遠方。若用 Chandra X 光望遠鏡觀看，看到的就是拉扯最劇烈的部分；若以可見光觀看，則碎片繞行軌道都發出可見光。我們在這裡擺上真實的觀測圖像，這些拉扯出來的物質在黑洞周圍如水流快速繞行，使黑洞附近密度相對較高，因彼此碰撞、放光，動能漸漸減少，因而逐步牽引掉進黑洞中。除了被離心力拋甩掉的部分，這顆星球最終的命運就是被黑洞緩緩吞噬。

天文學家使用超大型無線電波陣列觀看銀河核心射手座 Sagittarius A＊，發現附近有星球受暗天體重力牽引，正快速沿軌道繞轉。在我們銀河系的核心，存在著四百萬太陽質量的大黑洞！目前科學界正推動「事件視界望遠鏡」（Event Horizon Telescope) 計畫，希望藉環球電波望遠鏡的連線達到 Sgr A＊ 事件視界大小的解像力，將這黑洞成功解析出來。

不過 Sgr A＊ 只是個羽量級的小傢伙。以一億個太陽質量為分界點，下頁圖右邊是小於一億太陽質量的黑洞，因質量很大又在星系的核心，因此不斷有星球掉入，也就三不五時有東西餵它，形成了周遭宛如甜甜圈的吸積盤。左邊的圖則是大於一億太陽質量的情形：吸積盤相對扁平，但這個黑洞比右邊大多了，

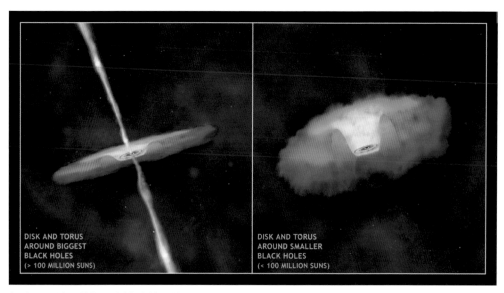

DISK AND TORUS
AROUND BIGGEST
BLACK HOLES
(> 100 MILLION SUNS)

DISK AND TORUS
AROUND SMALLER
BLACK HOLES
(< 100 MILLION SUNS)

超大黑洞的吸積盤，左邊大於一億太陽質量出現垂直於盤面的噴流。

所以呈餅狀的吸積盤也大得多，並有「噴流」從盤面垂直方向噴出，帶走多餘角動量。

從哈伯衛星拍攝 M87 活躍星系的照片，可見有東西從星系核、也就是黑洞所在飛奔而出，這就是「噴流」，也是 M87 為何稱作活躍星系。我們推斷在 M87 核心有個超過五十億太陽質量的黑洞。因黑洞大小與質量成正比，我們也可推知這個黑洞約有太陽系那麼大。這時你該覺得，好險我們的銀河系不是這樣；五十億太陽質量的黑洞，和銀河的 Sgr A* 十分不同。銀河系直徑有十萬光年，在靠核心一、兩萬光年的地方有隆起，而我們的太陽位在懸臂上。想像若沿著垂直盤面方向有東西噴出，雖然壯觀，但應當會伴隨著很強的輻射線，那麼我們的生存將岌岌可危。我們似乎被保護著，銀河核心不是很活躍，當中雖有超大黑洞，但相較之下真的只是一個小傢伙。

回到夏瑪所說，黑洞像是基本粒子，就只有質量、旋轉及電荷幾個特性。所以黑洞看似最詭異，理論圖像卻最完整。然而，雖然穿越事件視界並不會真有一個「地平線」，但在黑洞的中心應當有個「奇異點」（singularity），是個麻煩 (注4)。奇異點問題，我們在討論大爆炸時就提過，說的是時空已經結束，或是還沒有開始，因此物理定律本身不存在，或不適用。奇異點是個物理學大問題：它真的存在嗎？另一個困難的問題是，

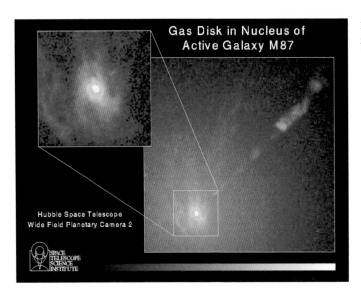

活躍星系 M87，有噴流自其核心沿轉軸而出。

通過了事件視界連光都出不來，是否代表所有進去的資訊就此消失了呢？這兩個問題，都是霍金[注5]所最關切的，但我們在此不再多做陳述。

我們很幸運，銀河系核心的四百萬太陽質量大的黑洞只是個小傢伙，多半星系核心還有比這個更魁梧的「大傢伙」。超大黑洞似乎與星系形成有關，但究竟孰為因孰為果，抑或是中間產物，我們尚無確切答案。加州柏克萊大學的馬中珮教授是這項研究課題的佼佼者，她最近發現了至今最大的黑洞之一：位於三億光年外 NGC3842 星系的核心，有百億倍太陽質量，裝下太陽系還綽綽有餘。

黑洞既是時空的扭曲，連似箭的光都出不來，那是否能扭曲、甚至扭轉光陰呢？接下來，我們來談談「時光機」。

## ⊙ 時光機？

時間快轉並不是問題，在《星際效應》電影中：主角們跑到「大傢伙」這個超大黑洞附近的軌道而不掉落，因為靠近黑洞的時空是扭曲的，他們的時間也隨之變「慢」，可以看見外面快速變化的世界。若能抵達這個軌道再離開，就可能進行時間向前快轉的旅行，航向未來世界。譬如男主角再見到自己心愛的女兒時，女兒已經年邁瀕死。

若你覺得這樣的說法很驚悚，可以想想，我們的受造、體魄及直覺其實來自遠祖的生活環境，並不提供對這類效應的經驗。即便搭乘噴射客機，日常所能體驗的速度最快也是每小時 1,000 公里，

僅是光速的百萬分之一而已，因此我們難以體會光速的世界，而超大黑洞附近就等同感受接近光速的世界。

如果時間向前快轉不是問題，那麼真正的問題則是：能夠回到過去嗎？我忍不住寫出愛因斯坦方程式：

$$G_{\mu\nu} + \Lambda g_{\mu\nu} = \frac{8\pi G}{c^4} T_{\mu\nu}$$

這裡除了 $8\pi$ 及光速 c 之外，有個東西是你熟悉的，就是牛頓常數 G，代表與重力有關——這個方程式是取代牛頓萬有引力的！$G_{\mu\nu}$ 則和時空有關（$g_{\mu\nu}$ 描述全然平的「閔可夫斯基時空」），$T_{\mu\nu}$ 是所有物質與能量的總和。1949 年奧地利數學、邏輯學大師戈斗（Kurt Gödel）找到愛因斯坦方程式有「閉鎖迴路的世界線」。一個人站著不動，時間一直往前，所以這個人的世界線就沿著時間軸下行。戈斗的數學討論找出封閉世界線的解，也就是可以回到自己的過去！不過那不是我們的宇宙，只是愛因斯坦方程式的一個解[注6]。

普林斯頓教授理查‧高特（J. Richard Gott）則認為時光機可以從兩個穹蒼弦建造出來。「穹蒼弦」（Cosmic Strings）是近代粒子物理發展出的概念，基本上像是微觀的、極細的、超高密度因而重到可以扭曲空間的長管子，從無窮遠延伸到無窮遠。目前人類正在尋找是否存

戈斗與愛因斯坦（普林斯頓高等研究院）。

在這樣的東西。高特的說法也論及世界線迴圈的概念：

> 一整個宇宙生命週期有限，在時間裡描出一個迴圈，它的終點也是起點。

他由此寫了一本書，名為《愛因斯坦宇宙中的時間旅行》（*Time Travel in Einstein's Universe*）。我們在汗牛充棟的時光旅行書籍中半戲謔地提及兩個人名，好似探討時間旅行總得和神有關：Gödel 和 Gott 這兩個名字，前者有「God」，後者是 God 的德文，讓人不禁感嘆時間畢竟還是由神所掌管，而非人類。

大眾小說與電影談論甚多的蟲洞旅行，概念好比摺疊一張紙，將兩點距離

拉近，使原本在平面上相距很遠的兩點得以形成捷徑逕自跳躍或「穿洞」過去。不過，蟲洞大致是由一個黑洞連結到一個「白洞」，而這道連結牽涉到「負能量」，接近黑洞時人或物體會被撕裂、扯爛，白洞的性質則與黑洞對反，也就是東西（物質與光）進不去，但出得來，我們卻尚未確切知道[注7]它的本質。無論如何，蟲洞旅行應是十分困難的。

至今時間旅行並沒有成功過。值得思考的是，建造時光機的障礙究竟僅是技術性的，還是有個基礎物理定律禁止它？祖父悖論（Grandfather Paradox）最早在 1943 年由赫內‧巴赫賈維爾（René Barjavel）在其小說《不慎的旅行者》（*Le Voyageur imprudent*）所提出，指出關於時光旅行可能產生的基本邏輯矛盾：

> 設若一個人回到過去，在自己的一位祖先還未有後代前將他殺死，那這位旅行者就不會存在，也就不能回到過去，也就不能殺其祖先了。

這是所謂的 Novikov 自洽原則：若邏輯上有矛盾，則發生機率為零。那麼，是否有「紀年保護定律」存在？這是個物理定律嗎？它確實屬於「尚未解決的物理問題」。

說穿了，人類並不理解時間。雖然相對論告訴我們時間與空間是一體的，但時間軸只會註定前行，物體卻能在空間中左右前後移動。我們雖然對此有一定理解，可是依舊不明其本質。就算時間迴路存在，迴路中的事件仍因自洽原則、祖父悖論而無法突破紀年保護定律。也許這就是時空旅行不能成功的原因，或是即便成功，依舊有力有未逮的事。

---

注1：這個電離環圈呈非對稱，乃因高速運動下的都卜勒效應。在《星際效應》（*Interstellar*）電影中的 Gargantua 大傢伙黑洞圖像，因考慮觀眾的觀感而呈現為對稱的。

注2：據惠勒自己回憶，他在 1967 年一次演講中不斷用「完全重力坍塌天體」，一名聽眾不經意說出「黑洞」，他立刻會意，從此採用並將之推廣，而那位聽眾則已不可考。

注3：理論家基普‧索恩（Kip Thorne）是 LIGO 實驗的重要貢獻者之一，於「接觸未來」和「星際效應」兩部電影的製作皆擔任科學顧問。

注4：電影《星際效應》中，藉著奇異點獲得資料可以得到解決人類面臨滅亡問題的突破。但進入黑洞而能傳信息出來是因為「愛」，則完全超越了科學的範疇。

注5：霍金畢生先證明奇異點在古典物理（廣義相對論是古典物理）必然存在，然後希望藉量子力學將之除去。

注6：戈斗後半輩子都非常關注天文觀測數據，試圖尋找他的宇宙模型的證據。他堅信這個解一定對應到物理事實。

注7：黑洞可謂已是證據確鑿，但白洞則無，且會違反熱力學定律。

# Chapter 9

## 加速膨脹——暗能量 ?!

「天地玄黃，宇宙洪荒。」

　　沒有人真知道千字文起首這兩句話究竟是什麼意思。對我來說，它說到宇宙古遠的過去，似乎又預示那遙遠的將來，當一切都已經過去，連宇宙都已老去……。啊，時間，那永恆之謎！

　　我們的宇宙將來如何？我們真能預告將來嗎？我們究竟能做什麼預測？在回顧這個問題時，我們在此討論一個得以推論宇宙未來數十億年發展的長期預報方法。人類藉此赫然發現宇宙不但膨脹，且近幾十億年來竟在加速膨脹，而當下的宇宙最多的「東西」不僅並非一般物質，甚至不是暗物質，而是一種「暗能量」！

日月盈昃，辰宿列張。寒來暑往，
秋收冬藏。

## ☉ 可預測性

千字文的第三到第六句就明白得多。
日月的升起降落（昃，斜也。午後的太
陽西斜曰昃）與月亮的盈虧是每「日」、
「月」的日常經歷，與一年四季的周而
復始，對應地球自轉及公轉的規律，是
人類的共同經驗。不過，規律並不是大
多數事物的常態。

楔形文字泥版。

### 從楔形文字紀錄到哈雷彗星

人類文明起源地之一的美索不達米
亞——肥沃月彎地區，因著農業與商業的
發展，人們在濕泥板上用麥稈勾勒以做
紀錄，再將泥版燒硬保存。這樣的楔形
文字最初在蘇美文明發展，後來成為亞
述和巴比倫人的文字，除了顯示該地盛
產麥作，這些也保留了天文觀測紀錄。
其中西元前七世紀出土的 Enuma Anu
Enlil（即「在阿奴和恩利爾神的時候」，
簡稱 EAE），共約七十個泥版，前十三塊
版是月亮的觀測紀錄，第十五至二十二
版則討論月蝕紀錄，此外依序有太陽、
日蝕、天氣及天體的紀錄，可見當時的
人們已對月蝕與日蝕掌握純熟，也能推
估它的發生。

沙羅週期（Saros）是十八年十一又
三分之一天左右，這個名稱當初是由哈

雷（Edmond Halley, 1656-1742）考察
古巴比倫人的天文歷史所定下的。哈雷
和牛頓是同時代的人，我們最熟知的就
是以其為名的哈雷彗星，在牛頓前已有
人提出橢圓軌道的概念，而哈雷的厲害
之處在於運用萬有引力進一步計算與理
解這些軌道。他參考 1337 年到 1698 年
二十四顆彗星的觀測紀錄，從觀測描述
計算出相近軌道，發現 1531、1607 和
1682 年出現的彗星應是同一顆。哈雷於
1742 年過世，但他在 1705 年出版的書
中已預測 1758 年彗星出現的時間與方
位，這樣的精準預測自然使其身後聲名
大噪。

橢圓軌道的彗星大多原本來自歐特
雲，有時可能在接近太陽時分裂成兩半，
一半沒入太陽，另一半週期也隨之改變。
絕大多數的彗星靠近太陽時也將融化、

哈雷

變小，哈雷彗星是因為比較巨大才得以保持運行的週期性。再想想，天氣預報、雷雨的發生能在三天前、一週前，或是一年前準確評估嗎？地震無法預測，股票走勢的漲跌也是難以預料。我們的日常生活世界其實非常複雜，有太多的變因影響，精確規律的週期實在非常少見。相比之下，宇宙的最大尺度只由幾個數字決定，一是膨脹速率，也就是哈伯常數，此外還有宇宙的「平均密度」及「宇宙常數」，基本上還是重力主導一切。牛頓十七世紀所發現的重力，藉由愛因斯坦的推演，竟能持續沿用到今天！

## 穹蒼長期預報？

如果大尺度的天文現象確實比日常事件單純，我們能對宇宙的長期發展進行預測嗎？哪些是可以預測的呢？宇宙將來究竟會怎麼樣？

我們已經預報再過約五十億年，太陽將死去，地球也於焉陪葬，而在太陽死前十三億年，仙女座大星系將撞進銀河系。然而，我們關切的是一個更大的疑問：宇宙會一直膨脹下去嗎？膨脹到最後是否因無法抵擋重力而物極必反[注1]、一切復歸原點？這樣的大壓縮是否因重力吸引而減緩膨脹，或是未來膨脹將更開放而急遽？如若回頭審視第七章〈回探起初〉的最後一張圖（見第172頁），就會明白答案竟是最後一個。

當宇宙在每立方公尺有五顆以上的氫原子，就會有足夠的重力使宇宙停止膨脹，走向回塌，這就是宇宙的臨界密度。有了這層理解，我們再定義 $\Omega$：平均密度與臨界密度之比。那麼現今宇宙平均密度是多少呢？我們觀測能發光的原子，發現 $\Omega_{原子}$ 只有 0.04，百分之四。如果臨界密度是每立方公尺五顆氫原子，這百分之四意即全宇宙每立方公尺平均只有 0.2 顆氫原子，猶如全地球只有幾粒砂、整個太陽系只有一顆數百公尺大的小遊星。而只有十分之一原子處於星球系統，主體乃是在星系際的氣體中[注2]。若我們把物質的平均密度 0.04 乘以 5.5 倍，可以達到暗物質 0.22，或 $\Omega_{物質}$ 總量為 0.26。「暗物質」已經比構成你我的物質總量還多出五點五倍，但若在此打住，則宇宙因低於臨界密度將慢下來的不夠快，理應是停不住的。1998 年觀測指出宇宙加速膨脹與存在「暗能量」，《科學》期刊（*Science*）將其列為當年的「頭號發現」，日後 WMAP 及後繼的

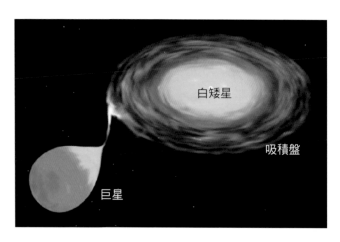

白矮星吸入伴隨巨星物質示意圖。

Planck 衛星又更確鑿地發現宇宙 $\Omega=1$，暗能量佔宇宙總質能的 74%。這隱含了兩件驚人的事實：一是宇宙密度「正好」臨界，二是暗能量才是構成宇宙的主體。

希望這番討論不會讓你迷失方向，而是吊足胃口，讓你急欲了解暗能量究竟是何方神聖。

## ⊙ 加速膨脹？！

長期預報如 Saros 週期的常見作法，是拿過去多年的資料與現今比較，再推演未來趨勢。人類於 1998 年藉由觀測極遠方的特定超新星爆炸測知宇宙膨脹加速，使超新星在人類的宇宙探索史上，發揮了意想不到的用途。

### Type Ia 超新星

從第七章的宇宙演進圖，我們可見從四、五十億年前，原本趨緩的宇宙膨脹開始增速。想測得更古遠、遼闊年代的宇宙膨脹率，人們需要做的比當年僅觀測過去幾億年的哈伯更精細，也必須尋得非常亮的天體。這個天體的發光方式必須標準化，可以憑其亮度斷定距離，才能夠精確觀測 —— 這就是「標準蠟燭」（standard candle）的概念，而人們找到的標準蠟燭，就是 SNIa（Type Ia SuperNova）。

Type Ia 超新星是什麼呢？如果有兩個星體形成雙星系統，其中一顆已變成白矮星，而另一顆正走向死亡階段的巨星，其星體因膨脹而靠近白矮星，巨星的物質會如抽絲一般被拉出來，這些氣體就吸附在白矮星周圍旋轉、互相碰撞，損失動能後掉入白矮星。也就是說，白矮星把旁邊的夥伴巨星的物質給吸了過來。當白矮星吸入物質的質量累積至太陽的一點四倍左右的 Chandrasekhar 極限，簡併電子氣體壓力支撐不住，白矮星就產生重力崩塌，引發碳循環核爆。

下圖（見第 191 頁）的亮度曲線表明了原本的白矮星與吸積盤是很暗的，但超級核爆引發之後，亮度迅速臻至頂點再快速下降，而後逐漸緩降。每顆 Type Ia 超新星爆炸都在相同的臨界點，所以

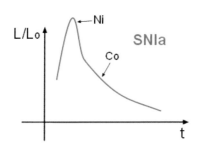

Type Ia 超新星的亮度曲線。

由左至右：索爾‧佩爾穆特、布來恩‧施密特、亞當‧瑞斯。

亮度曲線及釋放能量是一樣的，是可以憑亮度訂定距離的標準蠟燭。重點是要能夠抓住這條標準化的亮度曲線。超新星亮度會超過其所在的星系，所以若能看見星系，就更能看見超新星的出現。

標準化的亮度曲線，其絕對總亮度是固定的。可以試著觀察無數遠方星系，尋找那些突然間變亮的星，它從變亮到變暗是不是符合標準曲線。另外也需測量所在星系的紅位移，藉此明白該星球飛離我們的速度。綜合上述觀測，人們因而發現宇宙正加速膨脹，進而得到暗能量的概念。暗能量在宇宙年齡超過現在一半之後就變成主導，在那之前原本像是重力在主導、將膨脹拉緩，但等到暗能量增加後，「斥力」便克服重力，導致我們所知的加速膨脹。

其實觀測團隊最初的目標並非探索宇宙是否加速膨脹，僅僅是開發了訂定「標準蠟燭」的能力又改進測量結果，卻意外有了震古鑠今的發現。我曾在通識課說了好幾年這個團隊有「獲諾貝爾獎的可能」，果不其然，超新星宇宙學計畫（Supernova Cosmology Project）的珀爾馬特與高紅位移超新星搜尋團隊（High-z Supernova Search Team）的施密特與瑞斯獲得 2011 年諾貝爾獎。這些人將相關測量做到最好，藉兩組獨立觀測得出互為佐證檢驗的結果，是人類的尖兵。

## 宇宙常數與暗能量

那麼，暗能量究竟是什麼呢？宇宙膨脹為何會加速呢？我們得回到愛因斯坦方程式一探究竟。先不要害怕，這是人類「沉思者」境界的顛峰，且讓我們「有福共享」、「榮耀均霑」。愛因斯坦在 1905 年藉光速恆定假說提出狹義相對論，又於 1915 年藉重力與加速的等效原理得出廣義相對論方程式。

方程式等號的最左邊是描述時空的 $G_{\mu\nu}$，右邊是與質能相關的 $T_{\mu\nu}$，其分子係數是萬有引力常數 G，承襲自牛頓重力理論，外加四維時空係數 $8\pi$，分

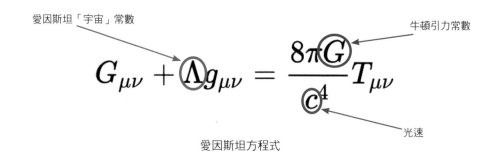

愛因斯坦「宇宙」常數

牛頓引力常數

光速

愛因斯坦方程式

母是狹義相對論的根源，光速 c 的四次方。愛因斯坦於 1917 年又引進 Λ，即「宇宙」或「穹蒼」常數（cosmological constant），是小寫 $g_{\mu\nu}$ 的係數（$g_{\mu\nu}$ 乃是跨越全宇宙的閔可夫斯基時空「尺規」）。愛因斯坦晚年聲稱 Λ 是他一生「最大的敗筆」，現今學界卻公認 Λ、一如預測重力波，同樣是他的先見。Λ 可以想成即使在「空的」空間裡仍具備的能量：將盒中氣體抽光形成真空，量子力學提醒我們：所謂的真空並不是空的，而是所有粒子都潛藏在內，所有動力學都在此發生，是種揮之不去的擾動，因而在空的空間並不是沒有能量，而是「真空能量」(vacuum energy)。

暗能量[注3] 就是真空能量，充斥於宇宙星際空間。與符合一般重力條件的物質和暗物質相比，真空的總體特性就是若能量為正，壓力就為負，也就是說，它會像拉緊的橡皮筋具有伸張力（tension）或拉力。在一般粒子存有的空間若體積變大則密度下降；但在真空中物質已被全數吸走，若還有能量，體積變大，總能量就會增加——這與我們對密度的概念相反。氣體送進氣球因正壓力而膨脹，藉著膨脹作功、耗能、減壓與外面氣壓達到平衡，但現在真空空間是負壓力，體積增加同時能量也增加，以至於負壓不減反增。所以，宇宙大到一定程度後，因真空能量接管而膨脹加速。

愛因斯坦自認 Λ 是一生最大敗筆的部分理由，可能呼應量子理論認為 Λ 應該是 10 的 120 次方（$10^{120}$）這樣背離常識的數字。但這樣的大小倒似乎和宇宙最原初的暴脹有關。這麼巨大的膨脹爆發力，又該如何止息？這是宇宙學的一大問題，並在下一章討論。

## ⊙ 宇宙是平的：諧和的節拍

宇宙的「聲學振動」在天上的分布揭示了宇宙的幾何形狀——宇宙看來是平坦的，這也與理論相符。藉著這些發現，宇宙學 ΛCDM（Λ-Cold Dark Matter）標準模型浮現，包含特定的宇宙常數數值 Λ，還有「冷」暗物質（暗物質粒子以非相對論性運動），成為我

們今日對宇宙的既定理解。

宇宙的空間是膨脹出來的。理論表明，日後會演進成星系與星系叢的暗物質漣漪，本身有些微的擾動，在某一個波長的漲落——宇宙的聲學振動——會最大。這些主要漣漪在天上分布的大小端看宇宙的幾何形狀，而這又要看宇宙內涵的質量與能量有多少。隨著空間膨脹，這個震波就有如在一個震動的鼓面灑上一些碎屑來觀察其分布。WMAP 在 $\Lambda$CDM 架構下，測量到一個大波峰及次波峰，和理論家的預測相符合：宇宙是平坦的，距離和角度的關係是「歐幾里得空間」（Euclidean）：地球是圓的，地表兩條平行線持續延伸終將交會，但在平坦的空間，兩條平行線將無限平行下去。地表是二維的空間，而宇宙整體是三維空間，再加上時間。令人驚訝的是，宇宙既非開放式的彎曲，也不像會

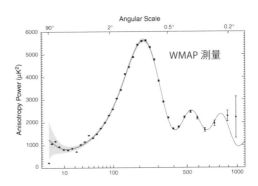

測量到的宇宙聲波震動，成為 WMAP 的標記。

壓縮回去，而正好是歐幾里得空間。這是過去不到二十年基於 $\Lambda$CDM 宇宙學標準模型得出的新發現。

目前公認我們所見的現象可能都是起初暴脹的遺跡。最初的暴脹十分劇烈，可是又為何乍然而止？繼 Planck 之後，還有第四代背景輻射衛星和其他相關實驗，相信未來幾年的宇宙探索還會有所斬獲。

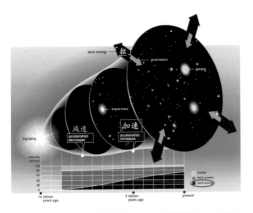

暗能量因宇宙體積變大，總量增加，自五、六十億年前開始主導宇宙加速膨脹。

注1：甚至有人提出，在通過中間點開始回縮之後，時光是否就開始倒流？

注2：星系裡面多半是空的，而星系的體積和星系的距離，相較於星系際是極小的。一般認為最早的巨型星球形成時把多半氣體吹到星系際的空間，但這仍是不確定的說法。

注3：略為不同的理論：某種滲透一切的具有負壓力的流體——「第五要素」(quintessence)。

# Chapter 10

## 宇宙這道菜

　　宇宙這道「菜」是根據什麼樣的「食譜」（recipe）做出來的？如何備料、如何調理、如何出菜與擺盤……

　　我們的太陽系寫於一齣宏偉的、可以一路追溯至大爆炸的演化劇本中—起初比星球內部還熾熱的一切以幾秒鐘的時間就膨脹出來。宇宙學的原始目的是要瞭解宇宙的起源。因此我們要回到宇宙頭一毫秒或更早之前，追問宇宙是怎麼做出來的？這是貫穿全書的初始問題。我們將舉兩個特別的「起始設定」問題來示範討論：第一，反物質如何消失，以臻今日宇宙的狀態？第二，瀕近起初時的特定膨脹率，如何能精準到使宇宙既不會回塌，也不會開放式地一去不回？

　　從人類啟蒙以來，這樣的認知史詩是何等宏偉。

## ⊙ 頭一毫秒：神的眷顧？

讓我們先回到祖師爺牛頓所面對的世界。大家都知道牛頓發現了萬有引力定律並藉之計算行星軌道，解釋了刻卜勒基於觀測資料的行星運動定律。牛頓對重力無與倫比的認知突破至今依然成立，而又融入了廣義相對論。

不過，牛頓始終無法解釋太陽系如何得有今天的樣貌。在六十多歲時，早已功成名就的牛頓出版《光學》（Opticks）一書，當時眾人認為其理論已囊括萬物的原理，但牛頓卻選擇提問的方式開展討論，比如面對眾行星為何於軌道平面環繞太陽，他說：

「盲目的命運絕對不可能使所有的行星劃一的落到同心圓的軌道。……行星系統如此驚人的劃一性一定是出自『神的眷顧』。」

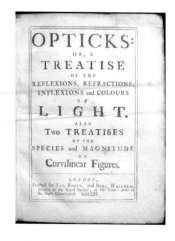

牛頓的《光學》。

「神的眷顧」在英文是 Providence，源自 provide，但大寫的 Providence 表示是「神所提供」。

雖然牛頓有許多近乎異端的想法，不過他還是信仰一神的基督徒。他說道「一定是神安排的」，乃因其無法解釋太陽系的原始「裝配」。隨著時代演進，人們藉由更多觀測了解太陽系源自一個旋轉的原始行星盤，是自然發展的結果，且到現在已有直接的觀測證據（生命第二單元）。但牛頓十八世紀初所說的這段話，至今仍具有啟發性。我們想知道：

> 為何宇宙在還只有幾秒鐘的時候，會設定成如此特定的組成、並以如此特定的速率膨脹？

組成與膨脹率只是「如何端出宇宙這道菜？」這個大命題的一部分。在尋求自然解釋繼續演繹之前，且讓我們引述一下當代哲人愛德華・威爾遜（E.O. Wilson）的討論。

威爾遜是研究螞蟻的生物學權威，他發現螞蟻藉費洛蒙等化學物質交換資訊並有許多社會性活動。一個蟻群的結構和人體類似，有集體的嘴、手臂、腳。他研究這些行為和螞蟻的演化，探討社會行為如何演化發展而來，進而發展出社會生物學與生物多樣性，著作遍及人文與自然科學，甚至得過兩次非小

E.O. Wilson。

they should come together to save the creation."

和威爾遜一樣，我們在此並非旨在關切宗教本身，但提到宇宙起源問題時卻無可避免有所連結，好比 2009 年我們開「演化、宇宙、人」這門課程時，友人韓濤教授的反應：「That's religious!」

關於宇宙這道菜的「食譜」（recipe），我們已在前面的章節多少介紹過了：

1. 原子、暗物質、輻射的比例；
2. 宇宙膨脹率；
3. 膨脹的平滑度──僅一個數字，Q，決定了結構的紋理與尺度；
4. 原子及原子核的基本性質。

這些背後是不是「有人」設計的呢？是自然神論中的上帝嗎？我們舉兩個例子說明宇宙初始的「設定」以理解這道菜的奧妙：如此特定的組成；如此特定的膨脹速率。

說類普立茲（Pulitzer）獎[注1]。威爾遜於古稀之年寫就的《匯一的知識》（Consilience）提出：自然神論「是天文物理學的一個問題」，與我們詰問的「宇宙是怎麼來的？」相呼應。自然神論（deism）承認有神的存在，主張一切有一個源頭，但源自於神的物理定律主宰了接下來整個世界的運行。威爾遜自認已遠離了美國南方成長背景的傳統基督教信仰，但並非無神論者，而是科學人文主義者。他關切地球生物多樣性及人類的存續，後來還寫了《受造之物》（The Creation）一書，以演化學者的身分寫信給假想的某位美南浸信會牧師，以同源文化背景的同理心提出訴求：

「科學與宗教這兩個地球上最強大的力量應當整合起來拯救受造之物。」
"Science and religion are two of the most potent forces on Earth and

## ⊙ 組成設定

我們探論演化與生物多樣性時的核心問題乃是：生命的源頭是什麼？推而及之，討論宇宙則是：宇宙的初始是什麼？

量子理論限制了可回溯的絕對極限，所以在此容我們略述量子力學的海森堡測不準關聯式：

$$\Delta E \Delta t \geq \frac{\hbar}{2} \qquad \Delta x \Delta p \geq \frac{\hbar}{2}$$

$\hbar$ 是普朗克常數，是普朗克首先提出的。這個關聯式基本上在說：你越是要把一個物件定位或固定在某範圍 $\Delta x$ 或 $\Delta t$（注2），你要用上的動量 $\Delta p$ 或能量 $\Delta E$ 的「量子」便要越大。譬如要把一個電子固定在原子的大小，約一 Å（Ångström，一公尺的百億分之一）的「杯子」中，那麼對應的動量、能量以電子伏特（electron Volt，或 eV）為單位。再下到原子核的尺度，則是百萬電子伏特（MeV）。這分別對應到原子物理（化學）和核物理的能量尺度。若再繼續往下推到越小的「杯子」，當空間範圍越縮越小時，所需能量就越大。也就是說，當時間與空間縮到很小、很小的尺度，則能量密度就越來越高，而能量密度高，重力影響則漸增，臻至一定程度，這團能量就會「內炸」坍縮成黑洞。這個空間極限叫做普朗克長度，其大小為 $10^{-33}$ 公分，比質子還要小 $10^{19}$（千萬兆）倍，而把這個長度除以光速 $c$，對應的最短可測時間叫做普朗克時間，$10^{-44}$ 秒。

普朗克尺度是量子論加上相對論（包含狹義與廣義）的結果，提醒我們時空可以回推的極限。到達這個極限，就非得解決量子物理跟廣義相對論結合衍生的問題，因為小到普朗克尺度的時候，

任何擾動都會如黑洞一般，所以在那極限以下，我們目前並不知道該怎麼處理。

關於終極的空間與時間，$10^{-33}$ 公分與 $10^{-44}$ 秒，讓我們做個合理但隨意的臆測：$10^{-36}$ 秒可能是當今的原子與輻射混合比例打下印記的時刻。這個時間已經比「普朗克時間」長了一億倍。雖然只是個臆測，但我們可以用它討論特定組成的問題：

宇宙為什麼不是僅有輻射？為何會有任何的原子？

這個問題乍看不著邊際，卻著實是道難題。人類觀測到宇宙背景輻射，而我們人是由原子所構成，但在更深入瞭解物理定律後，出現這個古怪的問題。

試著回想在緒論提過的 $E = mc^2$ 和反物質。反物質超出了我們既有的生活經驗，卻是可以在實驗室生產並操控、研究的真實存在。簡單回想：電子有一個反電子，帶正電荷，因此又叫正子，它其餘性質與電子一樣，但當電子與反電子、物質與反物質碰在一起時，就會相互

湮滅成為純粹的能量或輻射；反之亦然，純粹能量也能成對產生物質和反物質。宇宙大爆炸產生時，物質與反物質應等量產生。但在 $10^{-36}$ 秒左右，也就是經過了普朗克時間的一億倍，形成現在所見的物質、暗物質與輻射的比例。而奇妙的是，在宇宙這道菜完成一百三十八億年後，人類出現了……我們這一堆物質回頭看宇宙起源，才理解到這是一個問題！然後懷疑為什麼物質會存在，而不是僅有輻射？

這是既哲學又科學的問題，卻也十分真實。讓我們重新整理一下這不熟悉、不直觀的問題：宇宙由大爆炸產生，從無生有，那麼起初應該有等量的物質和反物質，那後者為什麼現在都不見了呢？若宇宙中飄著反物質，那麼在物質與反物質之間的介面將因湮滅而非常明亮，但是我們並沒有觀測到這樣的介面。

## 沙卡洛夫條件

若要物質存在而反物質消失，則需符合 1967 年提出的「沙卡洛夫條件」。

安得烈·沙卡洛夫（Andrei D. Sakharov）是一位傳奇人物。他是俄國的氫彈之父，1960 年代中期之前

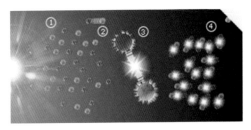

大爆炸起初物質（藍色）與反物質等量①，但一些反物質變身成物質②，使得湮滅③無法完全，導致物質殘存④。

致力研究如何替蘇聯做出最強的氫彈，好與美國抗衡。但他逐漸體認核戰的威脅與自己肩頭的責任。因他的參與推動，美國、俄國、英國於 1964 年簽署限制核武條約，他和一批俄國菁英就有了餘裕思索其他學問。他很快就提出了「CP 破壞」和「宇宙物質壟斷」的關聯，但他最終成了一位人權鬥士，獲頒諾貝爾和平獎！

沙卡洛夫提出的條件是什麼呢？宇宙初始應該是等量的物質與反物質，但今日卻不見反物質。他提出的解決方法是：若以下這三個條件符合，也許在宇宙大爆炸不久的 $10^{-36}$ 秒左右就有一些反物質轉變成物質，那麼物質就無法與反物質完全湮滅。他的三個條件分別是：

1. 重子數不守恆；
2. CP 破壞；
3. 偏離熱平衡；

沙卡洛夫。

這三個條件有點拗口，讓我們逐一略做說明。

每個人身上的質子和中子都帶一單位的「重子」數。中子會衰變成質子，但重子數並沒改變。目前還沒看到過單一質子會衰變，因此重子數似乎是守恆的。重子數不守恆等價於你身體中的質子是可以衰變的。近年人類搜尋質子衰變，發現機率非常、非常低，低到要等至少 $10^{32}$ 年以上才有可能發生。雖然還沒在實驗室觀測到，不過神奇的是，在標準模型電弱作用之下，重子數在極高的「電弱溫度」（電弱對稱性恢復的溫度）是不守恆的。這個條件在宇宙大爆炸熾熱的最起初是滿足的，普遍為大家接受。

CP 破壞是在 1964 年實驗發現的（破壞和不守恆在此等價），當初的發現頗意外，獲得 1980 年諾貝爾獎。當時的時空背景是楊振寧和李政道在 1956 年提出了「宇稱」（Parity 或 P，照鏡子左手變右手）在弱作用不守恆，旋即在 1957 年由吳建雄等實驗確證。但直到 1964 年有七年之久的時間，物理學家堅決認為雖然 P 不守恆，總該有個東西還是維持在那裡的，於是認為 CP 應該要守恆。這是物理學家對守恆律的執著。在這裡 C 乃是將粒子與反粒子互換的變換，CP 表示照鏡子、但粒子反粒子互換。1964 年實驗發現其實連 CP 都不守恆，造成了成見的崩解。現在粒子物理學家仍相信

CPT 必然是守恆的（T 是將時間反轉倒著走），有相對論性場論的理論依據，目前為止的實驗也確實顯示如此。或許有一天發現連 CPT 都不守恆，則勢必撼動物理學家長期倚賴的物理架構。

最後一個條件，偏離熱平衡的現象相對容易解釋，譬如煮開水沸騰冒泡就是個偏離熱平衡的現象。但沸騰冒泡雖熟悉、卻不簡單，它指的是所謂一階相變化，如水從液態變到氣態是會起泡的、還會吸收潛熱。有其他的相變化是不「冒泡」也沒有潛熱的。但是呢，想像在熾熱的宇宙起初，要有偏離熱平衡的一階相變化一方面好像滿合理的，另一方面卻不是一個容易滿足的條件。

我們無法在此將這三個條件結合起來清楚解釋宇宙初始如何達到反物質轉換為物質。大致來說，宇宙膨脹導致降溫，出現泡泡或粒子滴的凝結，重子數不守恆與 CP 破壞可在泡泡的介面將反物質變為物質，也就是原本等量的物質與反物質在穿越泡泡介面時，反物質減少了、物質增加了。這些都可以量化，因此是可與觀測數據以及實驗室裡檢驗的物理學相對應的。

為什麼這樣大的議題沒有在西方或是日本出現呢？這是個好問題。不過沙卡洛夫在 1967 年寫下這篇論述[注3]，有十年之久並未受重視，直至 1970 年代後期因為粒子物理標準模型理論的進展，

人們開始探討反物質消失的問題，驀然回首才發現沙卡洛夫早已洞燭機先。他顯然受到 1964 年 CP 破壞發現與 1965 年宇宙背景輻射觀測證實宇宙大爆炸的影響，而作為深入研究熱核彈的務實科學家，恐怕也沒有人比他更懂得運用超高溫熱力學與統計力學，但重子數不守恆則是他的洞察與先見。為了人類全體的前途考量，他身為一位既得利益者，卻放棄一切特權與榮譽，成為蘇聯與人類的良心。蘇聯在 1980 年末將他流放到高爾基，直到戈巴契夫的新開放政策才於 1986 年底獲釋，但三年後便因心臟病發過世了。這樣一位頂尖的物理學家，從真槍實彈研發超大型核彈，到思考「亙古到永遠」的問題，他還有康德所謂的至高內在道德，是我們所強調的「沉思者」的另一特例。

根據我們觀測到的宇宙背景輻射光子數目與所有原子的重子數目之比，最初宇宙只要有 $10^9$、也就是十億分之一的反物質變身為物質，就足以解釋「我們」的存在。但已知的物理學是否滿足沙卡洛夫三條件呢？我們有什麼理由相信當下對自然現象的瞭解已經足以滿足沙卡洛夫三條件？有趣的是，自 1970 年代以來被確立的粒子物理標準模型是滿足沙卡洛夫條件的：它在極高溫下重子數不守恆、它提供 CP 破壞、它原則上可提供一階電弱相變化。這似乎並非偶然。但

雖然滿足必要條件，在充分條件方面能夠量化的滿足嗎？

## CP 破壞

CP 破壞是我的核心研究課題，也是當代粒子物理的前沿，我們在此略做述介。

位於日本與加州的實驗在 2001 年驗證了小林誠和益川敏英兩位先生於 1972 年底提出的理論架構，使二人於 2008 年獲頒諾貝爾獎。小林先生在諾貝爾講稿中以平淡的筆調寫道：「B 工廠實驗結果顯示夸克混和是 CP 破壞的主要來源」、「B 工廠的結果容許新物理」，但第三句意味深長：

> 「宇宙物質壟斷似乎需要新的 CP 破壞來源。」

> "Matter dominance of Universe seems require new source of CP violation"

也就是說，為何宇宙只有物質這個問題，似乎需要額外的 CP 破壞來源加以詮解。小林先生含蓄點出需要新的 CP 破壞來源，不過沒有明說的是，雖然我們在地球上目前為止所見的 CP 破壞都能以他的理論解釋，但這與實際宇宙學觀測所需的 CP 破壞量仍有百億倍的落差！他們的研究成果尚遠遠未解決這個問題。

1990 年代我們 Belle 實驗進行期間，合作者之間並不多談此事。我們是要驗

證夸克模型裡面的小林－益川模型究竟正確與否，但聽說小林－益川的 CP 破壞離宇宙所需差了十萬八千里時，不免自覺像在地上爬的螻蟻，遠遠搆不著銀河，更不用說宇宙初始了。後來我在 2009 年藉著增加新一代的夸克，提出了一個有足夠 CP 破壞量的答案，不過老天似乎不採用，目前尚未找到確切答案。關於這議題更深入的資訊，有興趣的讀者可以參考拙著《夸克與宇宙起源》。

## ⊙ 為何膨脹？

我們已經知道宇宙在膨脹，但為什麼膨脹得這麼「巧」？如果膨脹得慢一點，在有機會做複雜演化前，再崩塌就可能會發生，將所有生命發展壓得粉碎。如果膨脹太快，即使有暗物質的額外重力也無法將結構拉在一起，星系與星球也將無法形成，就更別提你我了。將這個問題追問回到頭一秒，則動能與重力位能相差將不到千兆分之一，而越往前推問題越嚴重。究竟是誰、或什麼機制在起初決定了我們現在所觀察到的膨脹

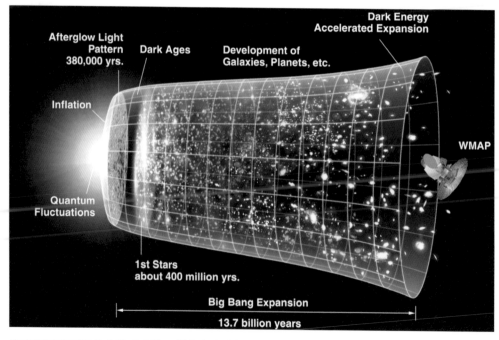

宇宙膨脹率不論是太快或太慢，都會產生截然不同的宇宙樣貌，而「設定」的根源可能是最起初的「暴脹」。

率？

關於這個問題，當代宇宙學的主流想法是在 1970 年代末期提出的「暴脹理論」。如上圖所示，在宇宙最原初的亮點而後，宇宙經過一個暴脹期。起初宇宙還很小，潛存在原初空間濃縮的「黑暗能量」，壓倒了一般重力。這個無比的穹蒼斥力拉著宇宙呈指數式的膨脹（這是為何用惡性通貨「膨脹」的字眼）：尺度變大兩倍、再兩倍、又再兩倍……一個微觀區域在約 $10^{-36}$ 秒（一兆兆兆分之一秒）就暴脹出涵蓋現今的一切內容，建立起重力位能與動能間精確的平衡，藉哈伯膨脹產生現今的宇宙。這個原初的「黑暗能量」，看來和 1990 年代末期觀測到的宇宙加速膨脹背後的暗能量 $\Lambda$ 是類似的東西，但要濃縮得多，強 $10^{120}$ 倍（1 後面 120 個 0）！奇的是，這麼大的初始「黑暗能量」反而比當今主宰宇宙加速膨脹的暗能量 $\Lambda$ 好理解，因為與量子場論的預期符合得多。

暴脹理論提供了許多問題的答案，正是當初它被提出的理由。暴脹理論可以解釋我們前面所說的膨脹率越回到起初越要精確「設定」，也預測宇宙是「平坦」的，因為任何起初的粗糙皺紋都將因急速膨脹而拉平了。平坦的意思就是「$\Omega$ 數值精確的等於 1」，正是 WMAP 宇宙背景輻射的測量所驗證的！而 $\Omega$ 等於 1 也是在宇宙學標準模型下測量當今暗能

量佔宇宙總質能四分之三的根由。這一切的若合符節，讓暴脹理論成為流行。

暴脹理論會得諾貝爾獎嗎？目前仍見仁見智，部分的質疑乃是這些推論是否夠格作為實驗的驗證。至於比暗能量 $\Lambda$ 強 $10^{120}$ 倍的初始穹蒼斥力則又引入另一個問題：如何讓它停下來？這是所謂的「優雅退場」問題，但也帶入無窮遐思：多半停不下來而會衝過頭，

平滑範圍伸展到遠遠大於可見的約 100 億光年；

我們和「邊緣」的距離數字，可能大到後面有幾百萬個零。

這句話的前半大致是對的。設想我們位於海上一定高度，看見周遭的海平面。我們沒有理由認為所見的就是海或洋的全部。我們只需再登高就能望遠。同理，我們可見的宇宙可作為整個宇宙的一小部分，如下頁圖所示，在綠色區塊的藍灰色小球。但同一張圖也顯示這樣的想法衍生出與我們的宇宙區隔的「其他宇宙」，也就是「多重宇宙」（Multiverse）的概念。如果 Universe 的一切歸向一的這個「一」本身不只一個，這就是 multi-verse 了。圖中大粉紅圈標記的「永恆暴脹」（eternal inflation），將「優雅退場」問題翻轉到極致，認為暴脹是不斷而永續進行，發苞膨脹而出的泡泡甚至可以有不同的物理定律。

物理學的根基是實證主義，也就是必

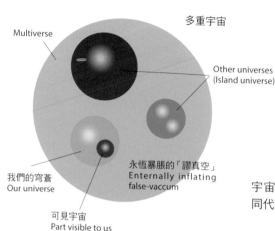

多重宇宙

Multiverse

Other universes
(Island universe)

我們的穹蒼
Our universe

永恆暴脹的「謬真空」
Enternally inflating
false-vaccum

可見宇宙
Part visible to us
(Observable universe)

宇宙持續暴漲導致多重宇宙，顏色不同代表物理定律可能都不同。

須能被實驗檢證才算數。上述說法是否已踏入形上學範疇？如此，它仍是可檢驗的嗎？這也是為何不少學者質疑暴脹與多重宇宙仍只是漂亮的觀念。霍金是支持暴脹理論和多重宇宙的，但曾與霍金合作、從數學轉入宇宙學領域的潘洛斯（Roger Penrose）則嚴詞批評：「暴脹是高能物理學家傳給宇宙學家的流行病。即使土豬（aardvark）也會認為牠們的後代美麗。」活在撒哈拉沙漠以南的土豬何辜？不過潘洛斯的話卻鮮明吐露了對暴脹理論的不滿與不屑。

暴脹是目前高能物理與宇宙學交界點上，一則既尖端又困難的議題。它是否屬於一種形上學呢？造成背景輻射不均勻性的漣漪源自起初在微觀尺度的量子震盪，卻因暴脹被拉大，如今延展於天空之中。這些說法是否足以進行觀測與檢驗呢？

比如尋找量子關聯，這自然是一個驗證方向。另一途徑則是重力波偵測，因為暴脹乃是極大力道拉著空間急遽膨脹，宇宙學家預期會造成空間結構本身的波動──重力波。我們在黑洞的章節已經介紹過 2016 年，也就是愛因斯坦提出重力波屆滿百年時，已進行三十餘年的 LIGO 實驗偵測到大型黑洞融合釋放的重力波。還有一個比照 LIGO 實驗規格的「雷射干涉儀太空天線」實驗 LISA（Laser Interferometer Space Antenna）：以各 4 公里長的超精密雙臂雷射干涉儀偵測宇宙洪荒，藉由三個間隔以百萬公里計的繞日衛星發射雷射互相干涉。因衛星間距固定，是故若有重力波通過，就可藉干涉效應偵測距離的極微調變。之所以設在太空，是為了偵測 LIGO 等地面

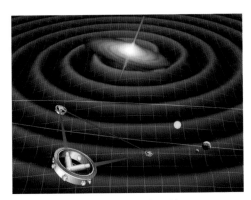

原本的 LISA 雷射干涉儀太空天線。

注 1：威爾遜得獎著作分別為 1979 年的《論人性》
　　　和 1990 年的《螞蟻》。

注 2：Δt 可約略想成 Δx/c，而 Δp 乘以 c 與 ΔE 單位
　　　相同。

注 3：沙卡洛夫於進行氫彈研究的餘暇發表這篇不
　　　到一頁的發現，據說因當年的蘇聯缺紙，所
　　　以他只能簡單寫下總結，但成果斐然。

實驗所不能偵測的較低頻（0.1 赫以下）波段。LISA　原本是美國 NASA 與歐洲 ESA 的共同計畫，但 2011 年美國因經費問題宣告退出，ESA 只好縮編成較小的 eLISA 方案，發射時間不斷延後，目前訂在 2034 年。ESA 在 2016 年的先導研究是將部分元件送上繞日軌道初步檢驗，目前宣告成功，但來日方長，希望 LIGO 的成果可以刺激更多經費與人力的投入。

　　是否真能檢驗橫亙天空的宇宙暴脹重力波動呢？這個領域在未來將極具競爭性，還有其他偵測手段，譬如偵測重力擾動轉換成獨一無二的電磁波「B 模」印記。讓我們拭目以待。無論結果為何，這些極其困難的量測都是人類的努力，以完全超乎平日想像的方法，探論宇宙與人類自身的起源。

# 卷尾

## 宇宙與人

　　本書從地球上的演化出發，將視野擴大到宇宙生命，又以更大篇幅探討宇宙本身、看人類如何探索與認知我們的宇宙。宇宙穹蒼之大、之奇難以言喻！如康德所說，越審視我們頭頂的星空，我們心中的敬畏就越勃發。也許真的讓人覺得非常渺小吧？但身而為人的我們，還可以向內審視康德所說、同樣讓心中敬畏日增的內在道德律。我沒有身分來弘揚「倫理與道德」，就讓我們回頭來看作為人類個體的人生定位，「塑造恢弘而謙卑的人本精神」吧。

## ⊙ 創世可以有所不同嗎？

我們的宇宙可以有所不同嗎？更西方宗教式的問法是：神當初可以造出一個不同的世界嗎？用一個比較學究的語氣則可以提問：

宇宙及其中通行的物理定律是一個根本理論的唯一結果，還是……？

答案當然都是——不知道。在理解愛因斯坦所說，最大的奧祕就是宇宙是可理解的之後，我們進一步關切那最大的謎，存在的奧祕——為什麼要有任何東西存在？

我們在前一章已經說明了要有「東西」存在可不簡單，宇宙如果只剩輻射和暗物質，對我們而言就是個全然空無的宇宙，我們也不會在其中！因此對人類而言，貫穿一切的難題是：

幾句話就說完了的創世事件，如何在一百三十億餘年後發展成我們置身其中的複雜宇宙？

「起初有大爆炸」與聖經第一句「起初神創造天地」相比，說穿了只是用語稍稍替換，真的比較精確嗎？其實，它們還是有所不同。如果「起初神創造天地」是「神」在古時所默示的，那麼「起初有大爆炸」則是由今人觀察到的證據逆推而得的理解，這理解遠超乎人類既有的想像，卻也牽引出更多問題。宇宙從產生以致發展出至今複雜的地球生命與人類這樣的「思考」、「巧手」者，這真是「自然的」嗎？因驚訝而生出敬畏，古代人類產生了「神創造天地」的超越性概念，假設了有一超越這世界的前提存在。

我們可以從一則簡單的對比進一步闡明這問題。中文的「宇宙」一詞，出自「上下四方謂之宇，古往今來謂之宙」，而古往今來的時空尺度就隱含著人的活動存在。但就字面用意來說，「宇宙」其實指的是空的空間和時間。而宇宙（時空）藉大爆炸產生，為什麼要有任何東西存在？這是尚未解決的問題。因此我們用「穹蒼」代指那不是空的宇宙，因為「穹蒼」的原意就隱含了物質的存有，天空或穹頂就像人頭頂的蓋子，更能指涉人存在的角度。

回到「可以有別的宇宙嗎？」可不可以有「我們的時空」之外的時空？關於這個問題，英國皇家學會前會長芮斯認為多重宇宙存在，且可以實際檢驗，不過這還不是普遍的認知，而且涉及人本論證（Anthropic Principle）。我們多次反覆提示宇宙似乎是「親生命」的，若將這個想法反轉因果，則成為因為人存在，所以可以探討這些事情。因此，若有多重宇宙的話，在沒有生命存在的某宇宙中，這個問題就不存在，所以能提出這個問題的宇宙是特定的，是接近人

本論證的。物理學家傳統上很不願意接受這樣的論證，但因為某些物理定律、宇宙成分似乎真是親生命的，人本論證始終揮之不去。再者，光是親生命還不夠，還要容許有人這樣可思考、有自覺意識的生命體從事探索。人本論證可說是十分唯物的，卻也可說是非常唯心的。

我個人堅守科學講求實證的根本精神原則，認為多重宇宙已踏入形上學的範疇，因此不再討論。

21 歲時年輕的 DH・勞倫斯。

## ⊙ 穹蒼居所中的我們

穹蒼已不再能拘束我們。心靈手巧的我們先是藉著思想、後來實質突破這個穹頂，進入廣袤的宇宙。雖然在實際操作上，我們仍像在家門口原地踏步，真正的旅行尚未開始。而人類帶入了文明自身的危機：生物大滅絕甚至自身的滅絕，抑或，這是生命演化新階段的序幕？

在末了這一章，我們雖不關切人本論證，卻要回到人本主義，回到「人」，回到活在穹蒼中的我們：你、和我。人類特徵的演化，源自從森林走向草原化的東非。而出現二十萬年的智人，體魄特徵沒什麼改變，憑什麼我們能夠認識宇宙，竟然讓我們升天入地、回探宇宙起源！？康德的名句在心中迴盪。我們受造奇妙可畏，就讓我們放下偏向物質宇宙的討論，從人，從人文、藝術、大小尺寸、工藝技術的角度略為探討人在

天地之間的位置。

DH・勞倫斯（D.H. Lawrence, 1885-1930）在他生命走向結束時說：

"I am part of the sun as my eye is part of me."

「我是太陽的一部分有如我的眼睛是我的一部分。」

這位勞倫斯是誰？他是《查泰萊夫人的情人》（*Lady Chatterley's Lover*, 1928）一書的作者，這本小說使他臭名昭著。該書在 1920 年代末出版，因淫穢與階級錯亂而被列為禁書，因為當時的英國仍延續維多利亞時代的道貌岸然。但在勞倫斯身後，他被公認為二十世紀最重要的一位英文小說家、思想家，雖然《查》書直到 1960 年才得以在英國正式出版。勞倫斯後半生特立獨行，自我放逐周遊列國。而符合某一種藝術家、小說家的

特徵則是他罹患肺癆，是年輕時經數次肺炎積累轉成，最後也因此英年早逝。有人說肺結核就是能讓人充滿想像的一種慢性消耗病。或許吧[注1]。

我們特別比照原文，一口氣譯出不加標點，用意就是突顯語意的合一性。這句的意涵也可與《莊子‧齊物論》對應：

「天地與我並生，萬物與我為一。」

中國思想的部分我們稍後再談，我們在這裡把勞倫斯這位沉思者的想法提供給大家參考。本書提到的沉思者多為數字化、唯物傾向的理性智者，令人感覺比較僵硬，勞倫斯則不同。這句話出自勞倫斯的《Apocalypse》，是其死前對聖經啟示錄的省思，它的前一句也十分精彩：

"We ought to dance with rapture that we should be alive and in the flesh, and part of the living, incarnate cosmos."

「為著我們竟然活著、且活在肉身之中，且是那活的、具體化宇宙的一部分，我們應當手舞足蹈。」

我們想交代的是「the living, incarnate cosmos」，這裡的 cosmos 自然與穹蒼對應，而非宇宙，可惜這裡的中文翻譯就

---

人最熱切想要的，並不是他自己孤立「靈魂」的救贖，而是他的全人生命與他生命的和諧。人首要的願望是身體的滿足，因為當下，一次且就這麼一次，他是在肉身之中而有生命活力。就人來說，最大的奇蹟就是活著，就人而言，就像對花、鳥、獸，至高無上的勝利就是最生動、最完美地活著。無論那未出生和已逝者知道什麼，它們無從知道在肉身活著的奇蹟與美，已逝者或許看顧著身後事。但此時此地活在肉身中的瑰麗是我們的，我們所獨享，而且就這一段時間是我們的。為著我們竟然活著，且活在肉身之中，且是那活的、具體化宇宙的一部分，我們應當手舞足蹈。我是太陽的一部分有如我的眼睛是我的一部分。我的魂魄知道我是人類的一部分，是偉大人類靈魂的有機組成，正如我的靈魂是我的國家的一部分。就我個人言，我是我家庭的一部分。除了我的心，沒有什麼是單單而絕對屬於我的。而我們會發現心靈靠自己並不存在，它只是水面上閃亮的日光。

所以，我的個人主義其實是一個錯覺。我是偉大整體的一部分，而且永遠逃離不了。但是我可以拒絕我的連結，弄斷它們，變成一個碎片。於是我是悽慘的。

我們要的是摧毀虛假、非有機的連結，特別是涉及到錢的，重建與宇宙、太陽和地球的活而有機的連結。從太陽開始，其餘的就會慢慢、慢慢地發生。

——D.H. Lawrence, Apocalypse XXIII

有些失焦與不足了，因為 incarnate 對應到聖經裡耶穌的「道成肉身」，在中式傳統文化中缺乏對應的語彙。但勞倫斯指稱宇宙是具體、成為肉身（incarnate）而活的，我們是這個宇宙的一部分。我想他那時候並不知道宇宙大爆炸產生，也不清楚宇宙是如何超乎想像的大。作為一位觀察並思考「人」的人文學者，他憑著自己的體會寫下這樣深刻的句子。

勞倫斯熟稔聖經，但自年輕時代便十分反對基督教組織的僵化與教條，還有工業與機械化所帶來的疏離，崇尚回歸與自然的連結，在政治上則傾向右派菁英統治。我們不管他的政治、對基督教的憤怒，或小說中常見的情色（雖則到現代這一點也不稀奇了），而是在此將《Apocalypse》的結尾翻譯出來，以饗讀者（見左頁下方）。

多讀幾遍，好好體會。我們標出前面所抽出的兩句，還在它們之前的一句底下畫線，符合我們「好好活」的勸勉。這段結尾雖然沒有提到演化論，但是否也影射我們的生命自海而出？而宇宙的確是親生命的；似乎我們的活、我們的想，就是宇宙的活、宇宙在想。或者，活的宇宙孕育了活的我們，賦予我們當下的生命，體現了它自身存在的任務。

我們也可與蘇軾著名的《赤壁賦》對照：

蘇子曰：

「客亦知夫水與月乎？

逝者如斯而未嘗往也；盈虛者如彼，而卒莫消長也。

蓋將自其變者而觀之，則天地曾不能以一瞬；自其不變者而觀之，則物於我皆無盡也，而又何羨乎？

且夫天地之間，物各有主，苟非吾之所有，雖一毫而莫取。惟江上之清風，與山間之明月，耳得之而為聲，目遇之而成色。

取之無禁，用之不竭，是造物者之無盡藏也，而吾與子之所共適。」

我們說蜉蝣一日死生，給定了生命的長短，那就是我們的一生。但蘇軾在江上喝酒、賞月，寫下所得到的哲思。他說「造物者之無盡藏」，原來我們在一開始就介紹過的造物者，並不是譯自聖經，乃是中國文化所固有。先秦時代的莊子就說：

「獨與天地精神往來，而不敖倪於萬物，不譴是非，以與世俗處。

……上與造物者游，而下與外死生無終始者為友。」

——《莊子‧天下篇》

莊子是一位大隱隱於市的哲學家。我們生活在天地中，何為「外死生無終始者」？人的困境就是死生。在中國的思想裡，這些早就已經思考過。

梵谷與他著名的兩幅畫作—《星夜》和《向日葵》，中間是他的自畫像。他的眼睛看見了什麼？

回到勞倫斯那句：「我是太陽的一部分有如我的眼睛是我的一部分。」望遠鏡與影像技術可以看作是眼睛與大腦影像處理的翻版。我們可以從視覺的觀賞，轉而注目藝術這個從人類大腦影像、經由巧手湧現而出的奇葩。《星夜》和《向日葵》是梵谷有名的畫作。我們說人類是整體的、可對話的，雖然梵谷最終發狂而自戕，但是這些畫作所展示的是全人類的先鋒，可說是更高的精神與認知境界。二十萬年前出現智人，隨之就有藝術的表現，譬如一些岩石與洞穴壁畫。在這樣的畫中你看見了什麼？或者揣摩梵谷看見了什麼？

《向日葵》是靜物寫生，向日葵象徵太陽，那普照天下的王者。但有幾朵向日葵已然下垂，象徵死亡。然而在梵谷眼裡，有生命的向日葵與「無生命」的星空世界，是一樣的。《星夜》中畫出了旋轉與流動的動態圖像，或許反映了

梵谷不穩定的精神狀態或因此而擁有高度感知力。我們無從查考他究竟知不知道銀河系的旋轉和我們地球身處其中，不過他的藝術隱隱畫出人和宇宙的關聯。左邊拔起衝天的黑色前景圖案是錐形的柏樹。南北向的隆河谷地其東北方上游冬天較為寒冷，因而有「密史特拉風」（Mistral），若於冬季親訪南法隆河谷地，你可以發現柏樹真的就是這樣搖擺，像舉手向天熱切禱告，或跳著死亡之舞。因此梵谷的筆觸是冬季柏樹受風的真實擾動，伴隨北風怒號在天空中所產生的漩渦，和天上星體在大風下的閃爍晃動，都可能是他親歷冬日的點滴。他選擇將柏樹作為畫中主體，可能也和宇宙有關，因梵谷有敬虔的荷蘭福音派基督徒背景，或許西方精神文明的影響也反映在他的畫作中：在畫的中央下方有座安靜而沉穩的教堂，是他清楚置入的，因為當時所在的療養院窗外並沒有。不過，將這

些線索連接起來，他的精神狀態、星星在天上閃動，而地上的教堂像是一個安靜的祈禱，一切似乎反映內心的渴望、在天空旋轉流動中對永恆的盼望。我想，這就是藝術；不論你看見什麼，那就是什麼。我們可以談論，可以欣賞，但是沒有標準答案。

## ⊙ 人的位置與工藝技術

我們活在這個宇宙中，是「part of the living, incarnate cosmos」。我們從文學和藝術的角度突顯人的思考，並不只限於科學探索。在十八世紀就曾推想

眾星雲乃是「島宇宙」的康德替我們說出這樣的智慧之語：

Two things fill the mind with ever-increasing awe—the starry heavens above me, and the moral law within me.

頭頂的星空與內裡的道德律，究竟這些是社會發展的印記，或是有更高的什麼？我想兩者都是：因為人實在太特別了。人很不簡單，雖然很脆弱、微小，but there is something about us。不知道如果有朝一日外星人來訪，他們會怎麼說。

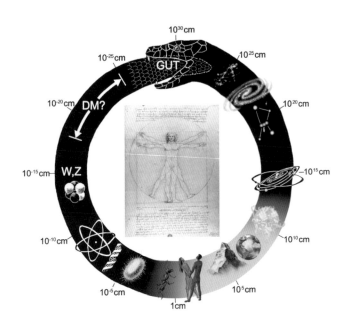

宇宙在無窮小和無窮大之間，就像是一條咬著自己尾巴的衝尾蛇，而人好像在中間位置。

我們引用兩段聖經經文，與康德的箴言及上圖對應：

「諸天述說神的榮耀；
　“What is man that
穹蒼傳揚他的手段。
　thou art mindful of him?
這日到那日發出言語；
　and the son of man that
這夜到那夜傳出知識。」
　thou visitest him?”

詩篇第十九篇 12 節（Psalm 8:4）

經文皆出自舊約聖經的《詩篇》，大衛王的詩歌。大衛年少還未受膏為王時原是牧童，因看守羊群，有許多機會在曠野沙漠的夜空下觀星。在此引用的詩篇第十九篇是他觀看夜空多年對造物者所發出的讚歎，而後面詩篇第八篇這一節，則是他觀天後突然內省，大大感念神對人的眷顧，像是與神親密的對話；大衛看到了人的特別之處。我們特選 KJV（King James Version）譯本以突顯古樸詩意。

這兩段話在課堂裡分別擺在圖中達文西的人像框上，以帶出 Uroboros 圖終始循環的意涵。銜尾蛇（Uroboros，或 Ouroboros），一條咬著自己尾巴的蛇，是個帶有神學意味的古老圖像，可視為將我們所講的最小的微觀世界跟最大的穹蒼、正無窮大跟負無窮大相接的構想。事實上還真是如此：因宇宙藉大爆炸產生，最大尺度的宇宙學的確連結到最小的粒子物理及更小的世界！在銜尾蛇圈中，我又擺上「The Measure of Man」和「Man is the Measure」這兩句話，並引入達文西畫的「維特魯威人」（Vitruvian Man）。The Measure of Man 出自柏拉圖的名言「衡量一個人，端看他擁有權力時的作為」，說到人心。Man is the Measure，則以人為萬物的量尺，我們以人的角度來看，以人的角度來測量世界，往下到所能探測的最小尺度，往上到最大的宇宙尺度，人好像恰好就在上天入地，一切巨觀與微觀的正中間。這並不是痴人說夢，上面這段詩句也隱約寫到，人是按照神的形象所造，這算是人的自大嗎？從文藝復興以來，人類不斷被提醒自身的自大是該受約束的，可是奇特的是，在宇宙中，我們似乎又享有某種特殊位置。

不過我們是否還是過分誇大了自己？南宋善能禪師的話，可以作為一個對反與平衡：

「不可以一朝風月，昧卻萬古長空；
　不可以萬古長空，不明一朝風月。」
善能註解了禪宗的「萬古長空，一朝風月」，我們暫且挪為己用，作為抒發相關人文精神的轉折語。以一朝對萬古、

一天對永恆，對應著前面 Uroboros 的無窮大與無限小，而人位在其中，這些都激發我們思考，兩方皆須掌握。人類目前的科學發展，的確上達穹蒼，下究窮理，探索整個宇宙。然而，可能超越善能的理解與想像的，乃是工藝技術的發展讓我們看明這一切，而非單靠冥想。工藝技術的發展是必須的，否則人類終將滅亡於無知而不自覺。

1994 年七月有一件著名的天文事件：舒梅克－李維（Schoemaker-Levy）彗星撞上了木星。舒梅克夫婦和李維於 1993年三月發現這顆彗星。根據軌道計算，它在更早之前被木星擄獲為繞木彗星，並於 1992 年七月極度靠近木星時被撕裂為二十一塊大碎片。自 1994 年七月十六日起，這些碎片以 21 萬公里的時速陸續撞進木星。右上圖是一連串大碎片撞擊木星前透過哈伯太空望遠鏡所見的景象。

我們來看最大的一顆碎片 G 的撞擊。右圖的閃光用近紅外線拍攝，碎片 G 撞進木星後有一段時間是很亮的，釋放的能量約為當時全球核武儲量的六百倍！在碰撞十二小時後，從下頁圖的藍點，我們仍可看到碎片 G 於木星大氣留下的一大團擾動，紅點則是隨後撞進木星的碎片 H，在圖中第三幅相片可以看見它最初撞擊的位置，及其後爆發的情景。

彗星撞木星的合成圖。

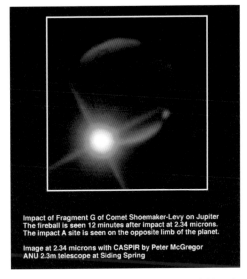

Impact of Fragment G of Comet Shoemaker-Levy on Jupiter
The fireball is seen 12 minutes after impact at 2.34 microns.
The impact A site is seen on the opposite limb of the planet.

Image at 2.34 microns with CASPIR by Peter McGregor
ANU 2.3m telescope at Siding Spring

用近紅外線觀測碎片 G 撞到木星的時刻，由澳洲國立大學的 2.3 米望遠鏡所拍攝。

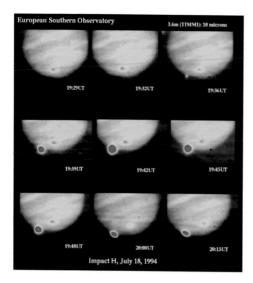

European Southern Observatory　　　3.6m (TIMMI): 10 microns

19:29UT　　19:32UT　　19:36UT

19:39UT　　19:42UT　　19:45UT

19:48UT　　20:00UT　　20:15UT

Impact H, July 18, 1994

這張圖是用紅外線觀測碎片 H（紅點）撞到木星的情況，由 ESO 的 3.6 米望遠鏡所拍攝，時間是在碎片 G（藍點）撞進木星後十二個小時。

我們不禁想問：如果這個彗星是撞上地球呢？

　　彗星撞地球的機率自然比撞上木星小得多，因為木星（注2）的重力場強大，能吸引彗星靠近，而地球小，重力也弱得多。但因為種種原因，某些彗星或小行星還是有可能朝地球飛過來。這並不是科幻，恐龍正是因六千五百萬年前的大隕石撞擊事件而滅絕，空出大地給哺乳類作為演化舞台，從而導致人類的出現。這也是為什麼我們必須發展技術──上面的觀測、計算、追蹤，哪個不是技術？這不是善能或莊子所能面對的議題。當然，我們無法知道彗星撞地球這樣的事件是否還會發生，即使發生也不知是否能夠阻擋。但是科學與技術的發展，不只能讓我們得以觀測這樣的事件，還可能直接關乎人類自身的存活。

　　讓我們最後一次回望古遠的宇宙，思考愛因斯坦的名言：「宇宙最難理解之處，就在於它是可理解的。」從東非草原走出的人類竟然可以理解宇宙，這本身才真是一件難以理解的事情。人的理解應當自有其限度吧？當我們探索一百三十七億年的宇宙，竟能運用地球的物理定律與物質成分加以推演，就連最遠的星系，甚至星系之前的原子，似乎都與我們實驗室裡的成分一模一樣，這也十分令人震驚。我們再想想追尋過的問題：宇宙中有外星人嗎？一想到外星人，我們容易把他們想像成與我們迥異的「異形」，很多科幻片探討過，但科幻片的想像其實有其限制，因為都是從人的角度與經驗出發去推演的。但既然宇宙望到盡頭都是相同原子，或許我們該異中求同。那麼，如果有外星人，什麼會是我們共享的「文化」？那將會是……我們的穹蒼居所：我們都在這個穹蒼之中，由一樣的原子組成，受到相同的物理定律管轄，仰望同樣充滿星星及星系的夜空。他們的長相可能多半與我們不同，可能比我們更見多識廣，可能懂得回答許多仍困惑著我們的很多問

尋找可居行星的刻卜勒任務,我們目前能看見的也不過是我們附近很小的範圍,只是宇宙的一個極小角落。人類的探索才剛要開始。

題。可是他們也會有類似的「人性」嗎?

我們在生命第二單元談及外星人的相關議題,也就是尋找可居住行星的刻卜勒任務。自 2009 年三月發射升空以來,它的任務已經圓滿了,但仍會陸續發布結果。我們找出一張 NASA 用以宣傳的銀河繪圖,更有質感。這張圖描繪了我們懸浮在銀河漩渦之中真實的所在,而偉大的刻卜勒任務所觀測的範圍也不過是其中很小的區塊,在宇宙中更是個極

小、極小的角落。所以,我們的探索才剛開始。至於適居星球,許多科幻作品想像我們將移民太空。我們可以對此留心,但短時間內應該還不會成功。

## ⊙ It's a Small World (After All)

迪士尼的小小世界遊樂設施與主題曲,是許多人兒時的美好回憶,也十分符合我們收尾的主題。在多重宇宙之下,我們自身所處的大爆炸宇宙,有可能就

像歷史上的大航海時代一樣，從原本的偏鄉一隅，拓展之後才發現有各種不同地理條件的廣大世界。雖然這不無可能，但目前我們尚無法觀測，也不知如何聯繫，這樣的討論對我們來說似乎還是太高遠了。

讓我們再次回想斯泰普頓（Olaf Stapledon）在《造星者》寫的話，如下方邊欄：

這位沉思者幫助我們看明自身在宇宙中所處的位置。這本書的「旅行者集叢」最後見到了造星者，不是上帝，但卻是相似的涵蓋一切的概念。斯太普頓所要

說的是：想想我們所立足的世界，我們置身人類的大格局中，但人類的大格局也不過是眾星生命一天中的一閃。這本小說非常經典、非常超越，寫在人類進入太空時代之前，卻依舊能為現今的人類處境做出精準前瞻的定位。藉著這一段話，我們也將視野從百億光年大的宇宙，回歸我們的實質居所、我們周遭的眾星之中。

在本課程開設前兩年時，我得到《小小地球何其小》的投影片，內容與本課主旨頗能互相呼應，因此後來我都以此作為課程結尾。受限於紙本，我們無法

---

I perceived that I was on
a little round grain of rock and metal,
filmed with water and with air,
whirling in sunlight and darkness.
And on the skin of that little grain,
all the swarms of men, generation by
generation, had lived in labour and
blindness, with intermittent joy and
intermittent lucidity of spirit. And all their
history, with its folk-wanderings, its
empires, its philosophies, its proud
sciences, its social revolutions, its
increasing hunger for community, was but
a flicker
in one day of the lives of the stars.

Olaf Stapledon(1886-1950)
Star Maker(1937)

我意識到我立身在一顆
小小的圓石頭與金屬上，
外披水與空氣的薄紗，
迴旋在陽光與黑暗中。
而在這小顆粒的表面，
一群群的人類，代復一代，
在勞苦與盲目中過活，
有著間歇的喜樂及斷續
的清醒，而他們所有的
歷史：民族的流浪、帝國
的興衰，百家的哲學、
傲人的科學、社會的革命、
對大同日增的渴望，
只不過是眾星生命裡
一天中的一閃而已。

歐拉夫・斯泰普頓
《造星者》（1937）

播放這一部加拿大法語區的投影片，但還是可以略為說明：這份投影片藉由對比的手法，從太陽系出發，進入眾星之中了解宇宙之大，並珍惜我們的地球家園。

首先看冥王星已降格後的八大行星。下圖中的木星與土星最大顆，而兩顆大小相近的藍星分別是天藍的天王星與水藍的海王星。中間四顆小星，最小的是酷熱的水星，最大而最豐富多樣的便是咱們的地球。這些我們自然都很熟悉，但透過這張比例圖可以清楚感受地球的體積相較於木星的大小，實在微不足道。

接下來我們再比較一下木星與太陽，似乎就像上圖地球與木星的對比，而在同一張圖中，我們可愛的寶貝地球差不多只剩下一個小點了，水星更是難以辨認。

木星與土星最大顆，兩顆藍星分別是天王星與海王星。中間四顆小星，最小的是水星，最大而最豐富多樣的便是地球。

木星與太陽，似乎就像上圖地球與木星的對比，而地球差不多只剩下一個小點了。

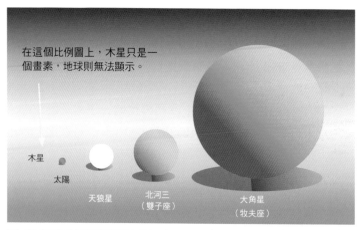

在這個比例圖上，木星只是一個畫素，地球則無法顯示。

木星
太陽
天狼星
北河三（雙子座）
大角星（牧夫座）

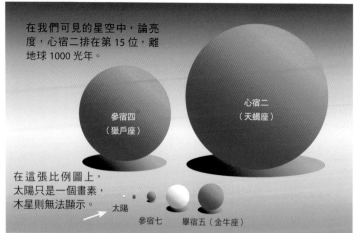

在我們可見的星空中，論亮度，心宿二排在第 15 位，離地球 1000 光年。

參宿四（獵戶座）
心宿二（天蠍座）

在這張比例圖上，太陽只是一個畫素，木星則無法顯示。

太陽
參宿七
畢宿五（金牛座）

以上兩張圖，則可讓我們完全謙卑下來。

在這兩張圖中，我們看見一顆比一顆巨大的星球。熟悉的天狼星是比太陽重兩倍多的藍色明亮星球、是全夜空最亮的恆星，距地球不到九光年。北河三和大角星我們並不熟悉，但後者是第三亮的。參宿七是獵戶座最亮的藍白色巨星，是全夜空第七亮的，而第九亮的參

宿四則是我們介紹過的「巨人之肩」，是比參宿七大得多的紅色超巨星，離超新星爆炸不遠了。參宿，或獵戶座最明亮的星星離我們都不到一千光年。最後，比參宿四還大顆的心宿二、即「天蠍之頭」，距離和參宿四差不多。這兩顆超巨星的大小都會延伸到太陽系的小遊星帶之外。

但是，光是比大小沒什麼意義。事實

土星環旁的小藍點。

上，紅巨星對生命來說應當是災難，而像參宿七、參宿四和心宿二等質量有太陽十幾二十倍的星球，命不久長，不容許周圍行星有餘裕演化生命。要為我們生命之源的太陽心存感激啊！它已活了四十六億年，容許且孕育了地球生命演化，而它還有近五十億年的穩定生命，這值得我們進一步思考與探尋。而前面這些星都有中英文名字，事實上各國、各古文化都有命名，這是因為它們都是肉眼可見的，是我們周遭鄰里的星球。我們人類即使有朝一日真能進入宇宙，也得從周圍鄰里開始。

讓我們重新審視這張 2004 年 Cassini-Huygens 太空船靠近土星環時所拍攝的照片。綠色箭頭所指之處就是我們的地球，一個小藍點 — 大家都生活在這個小藍點上。

這張照片教導我們謙虛：我們是渺小的，我們的問題微不足道，而這個小藍點是脆弱的，我們應該盡力呵護它，因為它是我們唯一的家園。

戰爭，問題，偉大，苦難，技術，藝術，
一切文明，一切動物植物，
一切種族，一切宗教，
所有的國家和政府，
還有那愛與恨，
70 億人啊，從未停止
躁動和折磨……

當斯太普頓的話在腦中響起，我們回想透過演化知曉了人類的起源，從宇宙看見了自身的位置。那麼，在浩瀚的宇宙裡，你如何定位自己？不外乎要「活且活得好」（live and live well），正如勞倫斯所言：

當下、一次且就這麼一次，你是在肉身之中而有生命活力！

---

注 1：Susan Sonntag 有一本書專門講疾病與藝術的關係。

注 2：事實上我們要感謝有木星這樣的巨型氣體行星在地球外的軌道當「彗星吸塵器」，如門神般保護著我們，免於巨量的彗星與隕石撞擊，讓演化在地球可以安然發展。

# 圖片來源

p.6 作者提供；p.7 左：ESA/Hubble & NASA, 右：NASA; p.8, p12, p13, .14 作者提供；p15 George Richmond (Wiki); p22 Nobu Tamura (Wiki）; p23 上：Nobu Tamura (Wiki), 下：University of Chicago; p24 Conty (Wiki); p25 上：Dave Souza (Wiki), 中：Eduard Solà (wiki), 下：Connormah (Wiki); p26 University of Chicago, artwork by Kalliopi Monoyios; p27 Smithsonian; p.31, p.33 ingimage; p34 顏孝真；p.37, p.39 ingimage; p.40 by Oscar Alcober, Ricardo Martinez, (wiki); p.42 ingimage; p.43 Martijn Klijnstra (wiki), Manuae (wiki); p.45 Xiao Dai (wiki); p.47 Robert Gendler; p.49 上：Galaxy-ESA/Hubble&NASA, 中：Jason Ware, 下：NASA, 右：ingimage; p.51 Paul Harrison (wiki), P. Carrara, NPS; p.52 zhaolifang (wiki); p.53 ingimage; p.54 H. Raab (Wiki); p.55 Волков Владислав Петрович (wiki); p.56 ingimage; p.57 Marcus C. Stensmyr, Regina Stieber & Bill S. Hansson (Wiki); p.58 ingimage; p.59 上：USGS, 下：ingimage; p.60 ingimage; p.61 USGS; p.62 K. Kaneshiro (wiki); p.63 Steve from washington, dc, usa (wiki); p.64 ingimage, p.66 p.67 UCB; p.68 上：Philip D. Gingerich, 下：減加魚；p.69 National Museum of Nature and Science, Tokyo, Japan, (Wiki); p.70 by 120 cast from Museum national d'histoire naturelle, Paris (wiki); p.72 Leonardo Eisenberg (evogeneao.com); p.73 dr.Tsukii Yuuji; p.75 NASA; p.76 上：Woudloper (wiki), 下：ClemRutter (wiki); p.79 Charles Levy (wiki); p.80 Mike Guidry; p.82 NASA; p.84 上：NASA, 下：NASA/JPL; p.85 上：NASA, 下：Jaxa/NHK; p.86 NASA; p.87 上：NASA/USGS, 中：NASA/JPL/Caltech/MSSS, 下：NASA/JPL; p.88 NASA/JPL/Space Science Institute; p.90 上：NASA/JPL/Caltech/USGS; 下：NASA/JPL/DLR; .P93 NASA; p.94 Sputnikcccp; p.95 貓頭鷹出版社, Amazon.com; p.97 上：NASA/JPL-Caltech, 下左：Jacek 767, H. 下右：Schweiker/WIYN and NOAO/AURA/NSF; P.98 NASA/ESA/JPL/Arizona State Univ.; p.99 NASA; p.100 Amazon.com, Penguin Books; p.102 Colby Gutierrez/Kraybill (wiki); p.103 SETI@home (wiki); p.104 NASA; p.105 上：Donald Davis/NASA Ames Research Center (wiki), 下：NASA; P.106 NASA/SAIC/Pat Rawlings (WIKI); P.107 左：Keck, 右：NAS/JPL-CaltechPalomar Observatory; P.108 上：NASA, 下左：C.R. O'Dell/Rice University/NASA, 下右：ALMA (ESONAOJNRAO); P. 111 上：Tom Trower/Nasa, 下：Carter Roberts/NASA; P.112 NASA; P.113 NASA/JPL-CaltechAmes; P.114 NASA/AmesJPL-Caltech; P.117 ESA/Herschel/PACS/L. Decin et al.; P.118 Cepheiden (wiki); P.120 Smithsonian Institution (wiki); P.121 Orionus (wiki); P.122 NASA; p.123 上左：NASA/ESA and R. Kirshner (Harvard-Smithsonian Center for Astrophysics and Gordon and Betty Moore Foundation) and P. Challis (Harvard-Smithsonian Center for Astrophysics), 上右：ESA/Hubble & NASA, 下：Jon Morse (University of Colorado) & NASA Hubble Space Telescope; .p.124 NASA/JPL-Caltech/ESA/CXC/Univ. of Ariz./Univ. of Szeged; p.127 UserYzmo (wiki); p.129 ingimage; p.130 NASA; P.131, 132 Richard Powell, www.atlasoftheuniverse.com; P.133 上：HeNRyKus - Celestia via (wiki); 下：Richard Powell, www.atlasoftheuniverse.com; P.134 Richard Powell, www.atlasoftheuniverse.com; P.135 NASA; p.136 上：Richard Powell,www.atlasoftheuniverse.com, 下：ESO; P.137, 138, 139 Richard Powell, www.atlasoftheuniverse.com; P.140 左：Caltech, 右：Andrew Dunn (wiki); P.142 www.roe.ac.uk/~jap/2df; P.144 R. Williams (STScI), HDF-S Team, NASA; P.145 NASA, ESA, H. Teplitz and M. Rafelski (IPAC/Caltech), A. Koekemoer (STScI), R. Windhorst (Arizona State University), and Z. Levay (STScI); P.146 NASA/JPL; p.148 NASA; p.149 左：ESA/AOES Medialab, 右：NASA & ESA; p.150 STScI/JHU/NASA; p.151 NASA; .154 enUserFredrik (wiki); p.156 NASA; .157 ingimage; p.158 NASA; p.159 NASA/WMAP Science Team; p.162 NASA; p.163 ESA; p.164 Andrew Pontzen/Fabio Governato (wiki); p.164 下：PEOPLE@ROMA2; p.166 PEOPLE@ROMA2; p.167 NASA/JSC; p.168 NASA/JSC; p.169 上：NASA/JSC, 下：CERN; p.170 NASA; p.172 NASA/WMAP Science Team - modified by Ryan Kaldari; p.175 NASA/ESA/D. Coe, J. Anderson and R. van der Marel (Space Telescope Science Institute); p.177 William Crochot (Wiki); p.178 上：Alain r (wiki), 左：randon Defrise Carter (Wiki); p.179 中：University of Texas; P.180 Caltech/MIT/LIGO Laboratory; P.181 NASA & ESO; P.182 NASA; P.183 HST; P.190 NASA; p. 191 U. Montan; p.197 im Harrison – PloS (wik); p.198 AndrewHorne (talk) (wik); p.199 Nobel; p.202 NASA/WMAP Science Team; p.204 改自 universe-review.ca; p.205 NASA; P.213 Joel R. Primack and Nancy Ellen Abrams; P.215 上：NASA/ESA/H. Weaver and E. Smith STScI and J. Trauger and R. Evans NASA Jet Propulsion Laboratory, 下：Mt. Stromlo/Siding Spring Observatory; p.216 ESO; p.217 NASA/Jon Lomberg; p.219 Lsmpascal (wiki); p.221 NASA.

圖解
# 演化、宇宙、人

2018年3月初版　　　　　　　　　　　　　　　定價：新臺幣420元
有著作權‧翻印必究
Printed in Taiwan.

| | | | | |
|---|---|---|---|---|
| 著　　　者 | 侯 | 維 | | 恕 |
| 編 輯 主 任 | 陳 | 逸 | | 華 |
| 叢 書 主 編 | 李 | 佳 | | 姍 |
| 特 約 編 輯 | 吳 | 智 | | 弘 易 |
| | 鍾 | | | |
| | 王 | 麗 | | 雯 |
| | 莊 | 艾 | | 凌 |
| 校　　　對 | 馬 | 文 | | 穎 |
| 封 面 設 計 | 海 | 流 | 設 | 計 |

| | | | | |
|---|---|---|---|---|
| 出　版　者 | 聯 經 出 版 事 業 股 份 有 限 公 司 | 總 編 輯 | 胡 金 | 倫 |
| 地　　　址 | 新北市汐止區大同路一段369號1樓 | 總 經 理 | 陳 芝 | 宇 |
| 編 輯 部 地 址 | 新北市汐止區大同路一段369號1樓 | 社　　長 | 羅 國 | 俊 |
| 叢書主編電話 | (02)86925588轉5320 | 發 行 人 | 林 載 | 爵 |
| 台北聯經書房 | 台 北 市 新 生 南 路 三 段 9 4 號 | | | |
| 電　　　話 | ( 0 2 ) 2 3 6 2 0 3 0 8 | | | |
| 台 中 分 公 司 | 台中市北區崇德路一段198號 | | | |
| 暨 門 市 電 話 | ( 0 4 ) 2 2 3 1 2 0 2 3 | | | |
| 台 中 電 子 信 箱 | e - m a i l：linking2@ms42.hinet.net | | | |
| 郵 政 劃 撥 帳 戶 | 第 0 1 0 0 5 5 9 - 3 號 | | | |
| 郵 撥 電 話 | ( 0 2 ) 2 3 6 2 0 3 0 8 | | | |
| 印　刷　者 | 文 聯 彩 色 製 版 印 刷 有 限 公 司 | | | |
| 總 經 銷 | 聯 合 發 行 股 份 有 限 公 司 | | | |
| 發 行 所 | 新北市新店區寶橋路235巷6弄6號2樓 | | | |
| 電　　　話 | ( 0 2 ) 2 9 1 7 8 0 2 2 | | | |

行政院新聞局出版事業登記證局版臺業字第0130號

本書如有缺頁，破損，倒裝請寄回台北聯經書房更換。　　ISBN　978-957-08-5082-6 (平裝)
聯經網址：www.linkingbooks.com.tw
電子信箱：linking@udngroup.com

國家圖書館出版品預行編目資料

演化、宇宙、人/侯維恕著 . 初版 . 新北市 . 聯經 .
2018年3月（民107年）. 224面 . 17×23公分（圖解）
ISBN 978-957-08-5082-6（平裝）

1.宇宙 2.演化論

323.9                                                    107001530